新世纪计算机基础课实验教程丛书

微型计算机原理与应用实验教程

（含实验报告册）

编　者　危建国　张森社　王虎朝
王德英　王毅航

西北工業大學出版社

【内容简介】 本书是针对X86汇编语言程序设计和PC机接口技术实践教学需要而编写的。全书共4章，简单介绍了MASM611汇编语言编辑、编译、调试环境，选择了一些典型的汇编语言程序设计题目，简要介绍了与本书配套的“SME-3多功能微机技术学习机实验平台”，并结合该实验平台设计了一些接口技术实验题目。

本书可作为大学本科微型计算机原理及应用、汇编语言与接口技术等课程的实践教学教材，也可作为自学者的学习参考资料。

图书在版编目（CIP）数据

微型计算机原理与应用实验教程/危建国等编．—西安：西北工业大学出版社，2006.8（2014.4重印）
（新世纪计算机基础课实验教程丛书）

ISBN 978-7-5612-2125-9

Ⅰ．微… Ⅱ．危… Ⅲ．微型计算机—高等学校—教材 Ⅳ．TP36

中国版本图书馆CIP数据核字(2006)第108375号

出版发行：西北工业大学出版社
通信地址：西安市友谊西路127号 邮编：710072
电　　话：(029)88493844　88491757
网　　址：www.nwpup.com
印 刷 者：陕西丰源印务有限公司
开　　本：787 mm×1 092 mm　1/16
印　　张：8.375
字　　数：100千字
版　　次：2006年9月第1版　2014年4月第4次印刷
定　　价：15.00元

编 委 会

主　　任：樊晓桠

副 主 任：张彦春

编　　委：冯　萍　危建国　苗克坚

张艳宁　康慕宁　蔡皖东

姜学锋　张森社

总　序

近年来，我国在计算机应用、计算机软件和网络通信类相关专业的人才培养方面，取得了长足的进展。但学生在走进企业、科研单位之后，往往深刻地感觉到缺乏实际开发设计的经验，不善于综合运用所学理论，对知识的把握缺乏融会贯通的能力。综合考察目前高等院校教学大纲、课程设置以及内容安排等方面的情况，多数学校还是比较重视训练学生的实践能力的。但是从安排实践的内容来看，基本上是围绕相关课程狭小的教学内容而展开，在难度上体现不够，缺乏综合性实验训练，而且实验内容高度抽象并脱离现实，学生很难获得针对具体问题的独立分析能力训练以及综合运用所学知识的整体训练机会。

由此可以看出，大多数学生实践能力训练与国内精品课程的要求相比较，还是存在一些差距。为此，我们针对当前高等院校计算机软、硬件和网络通信类相关课程教学中存在的问题，紧扣培养创新型学生的中心要求，参考了国内外知名大学相关课程成功的教学经验，设计编写了这套“新世纪计算机基础课实验教程”丛书，其目的就是通过实践训练，把知识获取和实践能力两个方面有机地结合起来。

这套“新世纪计算机基础课实验教程”丛书覆盖了计算机基础课的实验内容，包括“大学计算机基础”“程序设计”“微型计算机原理及应用”等课程，学生们可以在教师的指导下，逐步设计实现这些实验内容，并进行综合实验。通过实验，一方面可以结合课程的教学内容循序渐进地进行实验方面的实践训练；另一方面在参与一系列综合实验创新实验和自主实验的实践过程中，还能提高学生综合运用所学知识解决实际问题的能力，增强学生对相关课程具体内容的理解和掌握能力，培养学生对整体课程知识综合应用和融会贯通能力。

参加这套丛书编写的教师都有丰富的教学、科研等多方面的经验。实验教程中的实验内容，都来自教师们具体的教学科研实践，许多实验装置和软件都是由教师自己根据具体的教学要求设计完成的，再结合众多公司、厂商的大力支持，使得所选实验内容与教学内容配合紧密，实验难度与规模适宜。

最后，感谢西北工业大学出版社的大力支持，使出版这套丛书的计划得以实现。

丛书编委会

2006 年 8 月

前　言

本书是针对 X86 汇编语言程序设计和 PC 机接口技术实践教学环节需要而编写的，既可以作为“微型计算机原理及应用”的实验教材，也可以作为“汇编语言与接口技术”的实验教材。本书在正式出版前，已在西北工业大学计算机学院及面向非计算机专业的实践教学中使用多年，此次出版对原来的内容进行了一些修订和补充。

全书共分 4 章。第 1 章简单介绍 MASM611 汇编语言编辑、编译、调试环境；第 2 章软件实验部分，选择了一些典型的汇编语言程序设计实验题目；第 3 章简要介绍与本书配套的“SME－3 多功能微机技术学习机实验平台”；第 4 章结合“SME－3 多功能微机技术学习机实验平台”设计了一些典型的接口技术实验题目。本书的特点是实验题目按一定的内在要求进行合理安排，所设计的实验之间相互关联，前面进行的实验可能是后面实验题目中的一个模块，而后面的实验题目又可能是前面几个实验题目相关部分的综合，这样由浅入深，循序渐进，便于学生理解和掌握。另外，实验内容中综合性较强的实验题目加有“*”，属于学生选作部分。

由于编者水平有限，书中难免存在错误，敬请批评指正。

编　者

2006 年 7 月

目　录

第1章　MASM611使用简要说明 …… 1
1.1　运行PWB …… 1
1.2　Options参数设置 …… 1
1.3　编辑源文件 …… 3
1.4　程序的装入及编译 …… 6
1.5　源程序调试 …… 8
1.6　在线帮助 …… 11
第2章　软件实验部分 …… 12
2.1　数制转换实验 …… 12
2.2　BCD码运算实验 …… 13
2.3　字符串匹配程序 …… 13
2.4　循环结构程序 …… 14
2.5　排序程序 …… 15
2.6　分支程序 …… 16
第3章　硬件实验设备简介 …… 17
3.1　性能简介 …… 17
3.2　结构及相关部分说明 …… 17
3.3　公共电路介绍 …… 19
3.4　实验板基地址的获取 …… 23
3.5　使用中断 …… 25
第4章　硬件实验部分 …… 27
4.1　并行接口技术实验 …… 27
4.2　8254定时/计数器实验 …… 34
4.3　串行通信接口技术实验 …… 41
4.4　A/D转换实验 …… 47
4.5　D/A转换实验 …… 53
附录　常用系统功能调用 …… 61

第 1 章　MASM611 使用简要说明

Microsoft 宏汇编程序 MASM611 有建立汇编语言所需的全部工具，其语法适合于 Intel 公司 16 位/32 位分段结构的 CPU。它的使用较复杂，其详细说明请读者参考宏汇编程序 MASM611 的有关资料。本章就 MASM611 的集成开发软件 PWB(Programmer's WorkBench)做简要说明。PWB 集成开发环境是集汇编程序的编辑、编译、连接、调试、运行于一体的综合软件，全部菜单可使用鼠标操作。

1.1　运行 PWB

打开 PC 机启动 Windows 操作系统，进入 MASM611\BINR 子目录，用鼠标双击 PWB，即进入 PWB 集成环境，屏幕显示如图 1-1 所示。

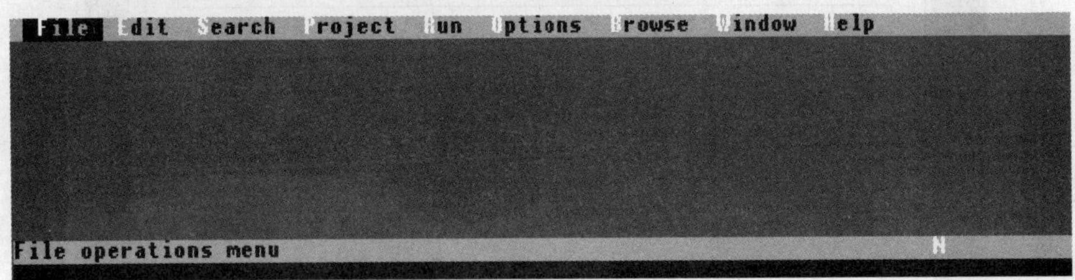

图　1-1

图 1-1 显示的就是 PWB 的主菜单，可用鼠标左键或 Alt 加菜单命令首字符对菜单项进行选择(如同时按下 Alt 和 F 键进入文件菜单项)。

1.2　Options 参数设置

Options 参数设计可分别按以下步骤进行。

(1) 如图 1-2 所示，选择 Options 主菜单中的 Environment Variables 选项，屏幕显示如图 1-3 所示；选择 Options 主菜单中的 Editor Settings 选项，屏幕显示如图 1-4 所示。这些参数一般不要随意改动。

(2) 选择 Options 主菜单中的 Build Options 选项，屏幕显示如图 1-5 所示，再选择 Use Debug Options 项，用鼠标点击〈OK〉。

(3) 选择 Options 主菜单中的 Link Options 选项，屏幕显示如图 1-6 所示，再选择Debug Options 项和 CodeView 项，用鼠标点击〈OK〉。

这样，通过(2)、(3)步骤的选择，汇编程序带符号的源程序调试环境即设置完成。参数设定后，每次运行不须再设置。

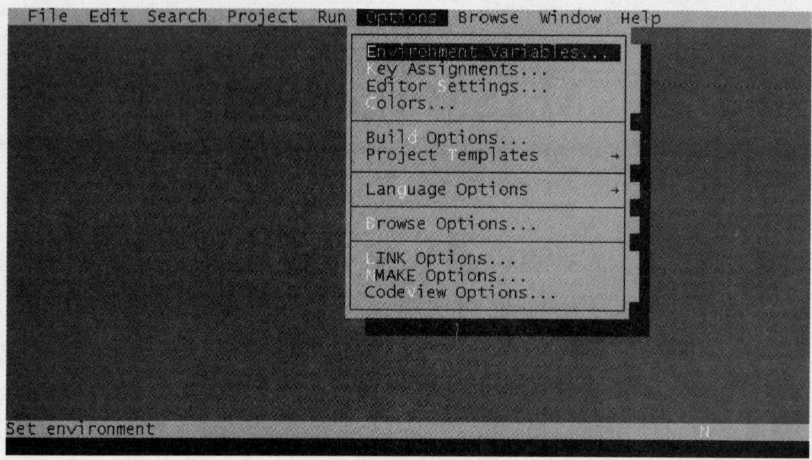

图 1-2

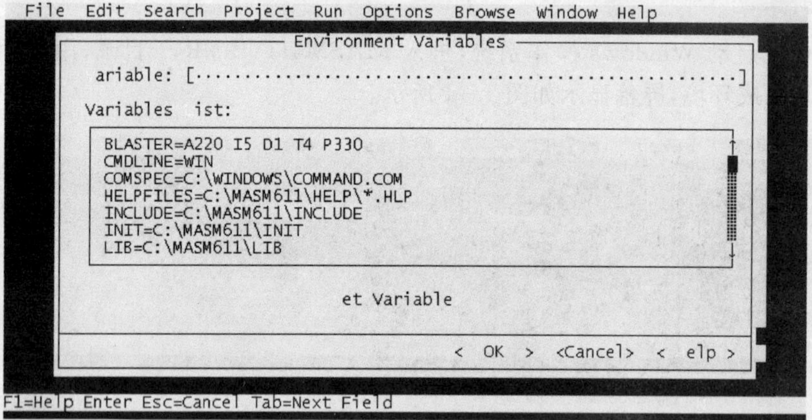

图 1-3

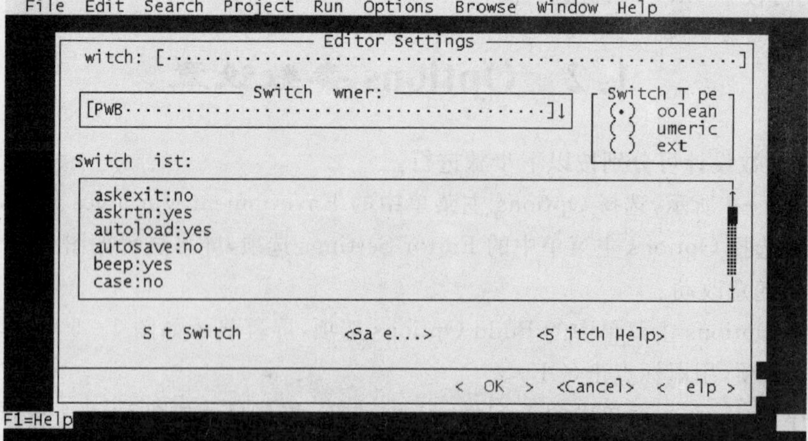

图 1-4

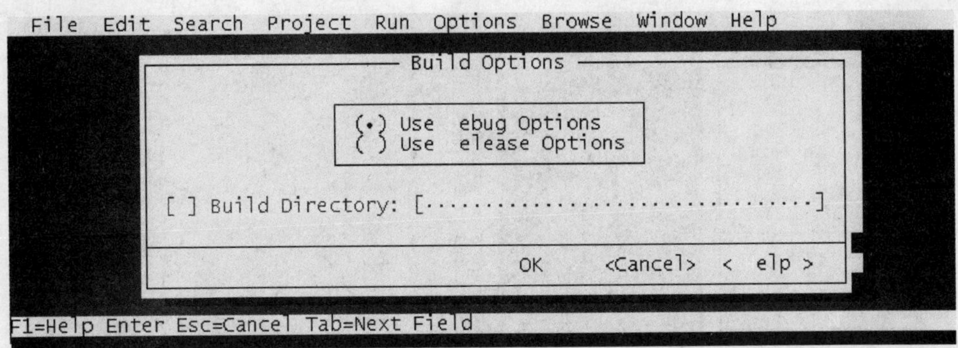

图 1-5

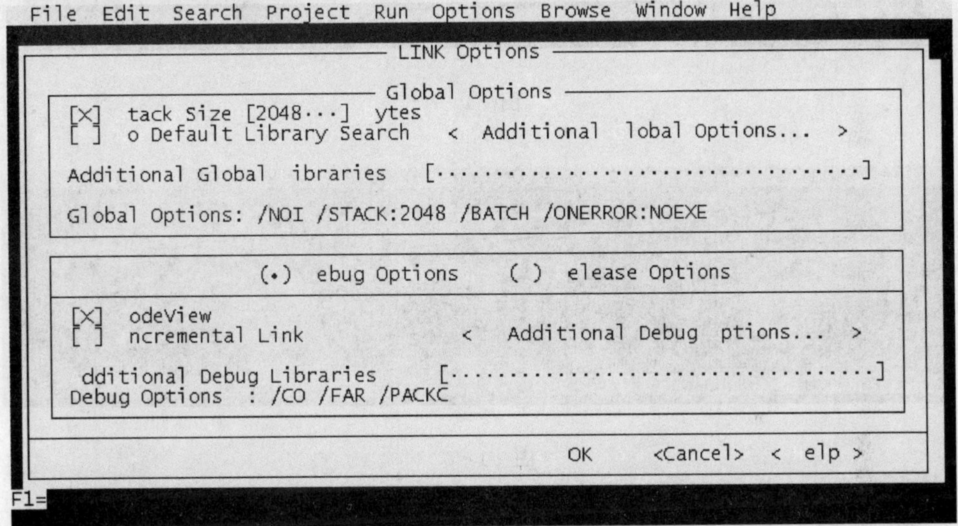

图 1-6

1.3 编辑源文件

PWB 的编辑功能与许多编辑器的功能类似，有建立新文件、保存文件、另存为、光标移动功能、块操作、插入/删除操作、恢复操作、查找/替换操作等。以下用建立新文件 TEST. ASM 为例说明编辑源文件的过程。

如图 1-7 所示，选择 File 主菜单下的 New，屏幕显示如图 1-8 所示。

在图 1-8 中，文件名为“Untitled. 001”，为了使所编写汇编程序能够被编译器编译，文件名的扩展名部分必须为“. ASM”，即文件名必须为“××××. ASM”，因此，用“另存为(Save As)”把文件“Untitled. 001”改存为“TEST. ASM”，其过程见图 1-9～图 1-11。

在图 1-12 中，文件名已改为“TEST. ASM”，就可以在它的编辑区里编写源程序。编写过程中，要注意及时保存文件。

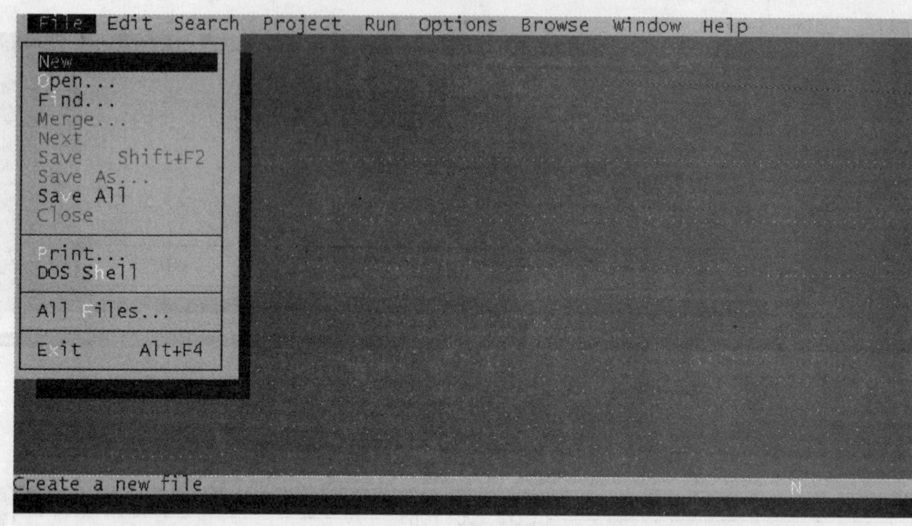

图 1-7

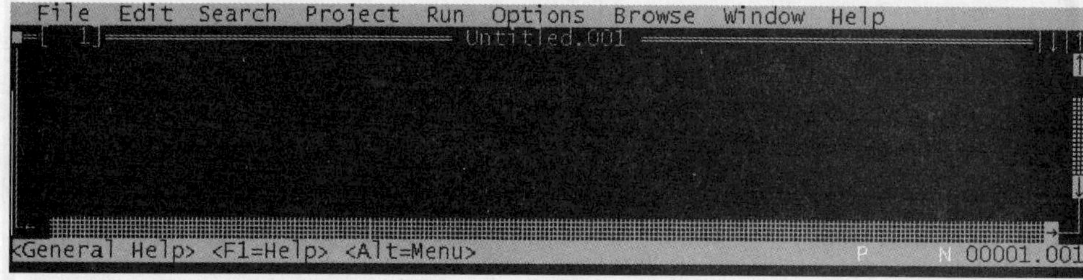

图 1-8

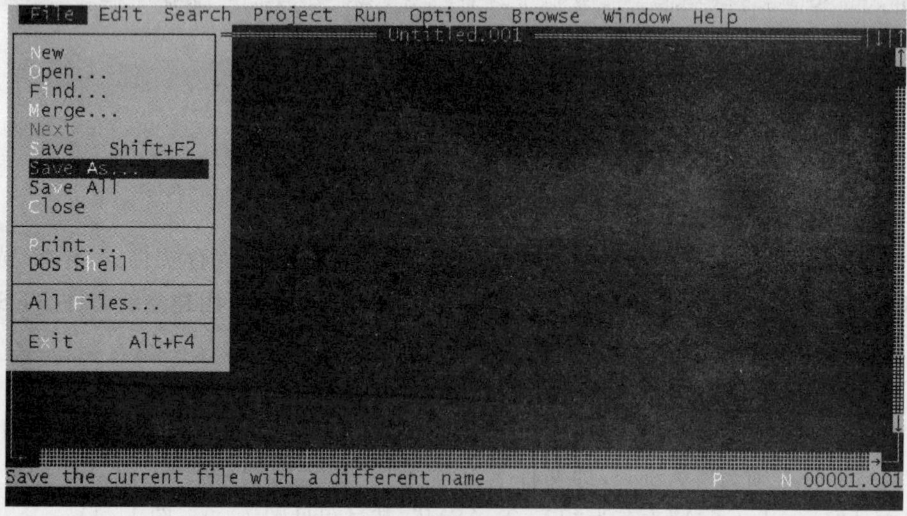

图 1-9

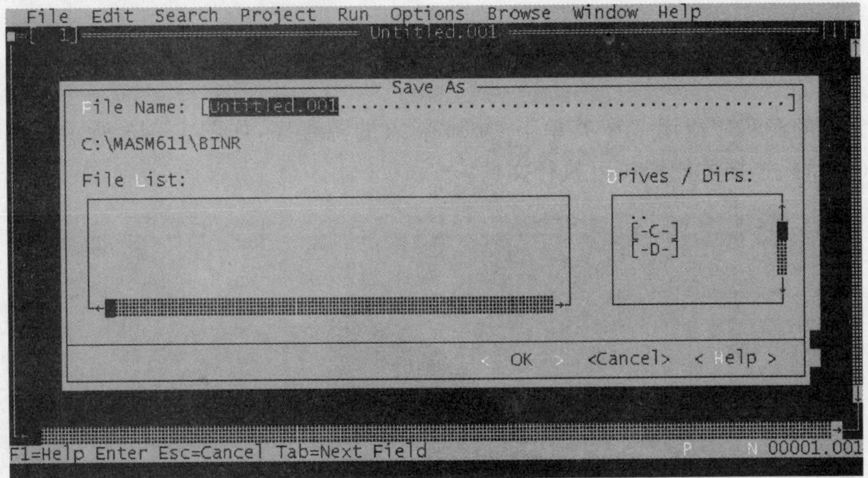

图 1-10

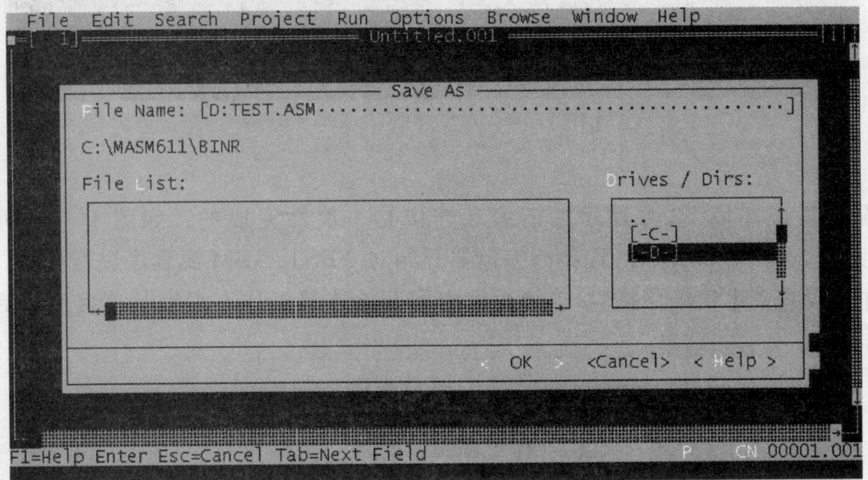

图 1-11

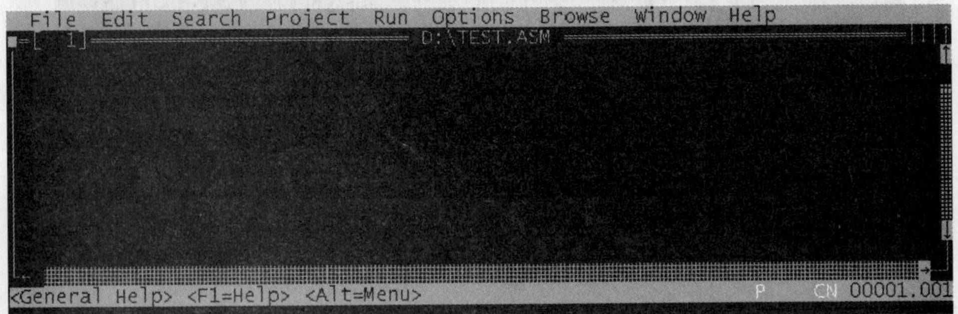

图 1-12

1.4　程序的装入及编译

编写完成的源程序或用 File 菜单下 Open 装入的源程序，如图 1－13 所示。源程序只有经过汇编（编译）、连接才能形成可执行文件。

```
File  Edit  Search  Project  Run  Options  Browse  Window  Help
[ 1 ]                    D:\TEST.ASM
        .model small
        .data
        data1 db 11h,22h,33h,44h,00h
        data2 db 99h,88h,77h,66h,00h
        .code
        .startup
        mov si,offset data1       ;
        mov di,offset data2       ;
        clc                       ;
        mov cx,5                  ;

   lop: mov al,[si]               ;
        adc al,[di]               ;
        daa                       ;
        mov [di],al               ;
        inc si                    ;
        inc di
        loop lop
        nop                  ;
        .exit
        end
<F1=Help> <Alt=Menu> <F6=Window>                M      CN 00002.015
```

图　1－13

在 PWB 集成环境下，源程序的汇编和连接是一次性完成的。如图 1－14 所示，打开 Project主菜单，选择 Build：TEST. exe，编译器开始对 TEST. ASM 源程序进行汇编，当汇编任务结束，并且没有产生错误信息时，连接程序立即开始连接工作。汇编与连接完成后，屏幕上出现如图 1－15 所示的结果。

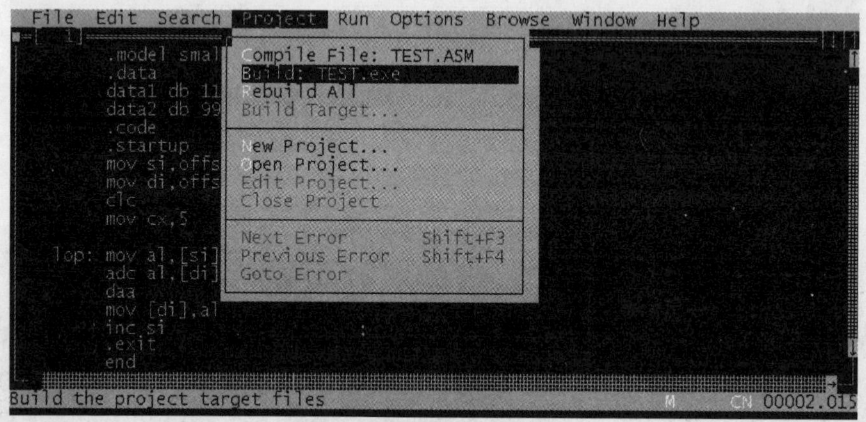

图　1－14

如果源文件有错，连接程序不会被执行，则会出现如图 1－16 所示的结果。单击 View Results 查看错误信息，屏幕将显示所有错误的位置和原因，如图 1－17 所示。浏览并记录错误信息，然后在编辑区对源程序的错误行进行修改。

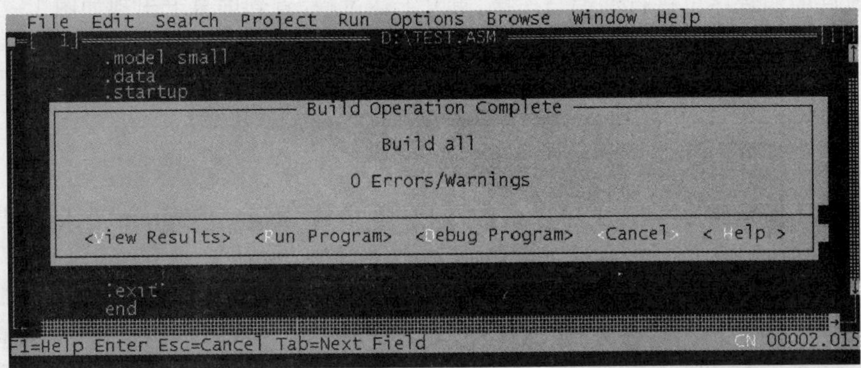

图　1-15

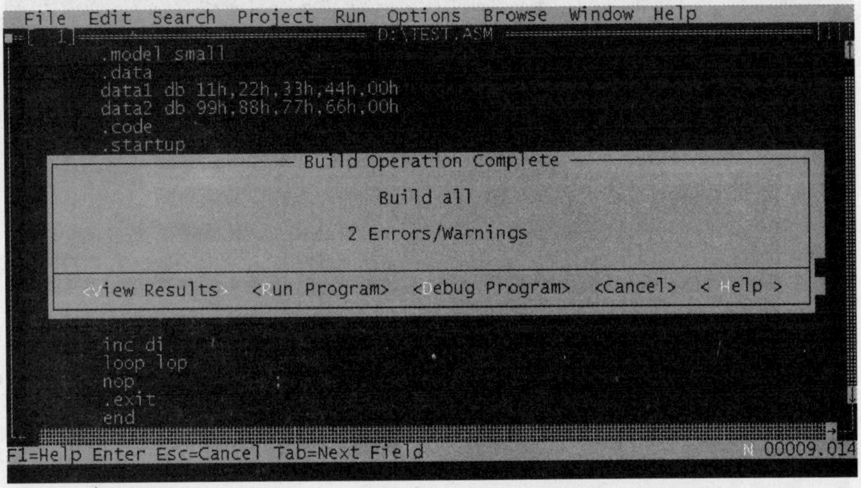

图　1-16

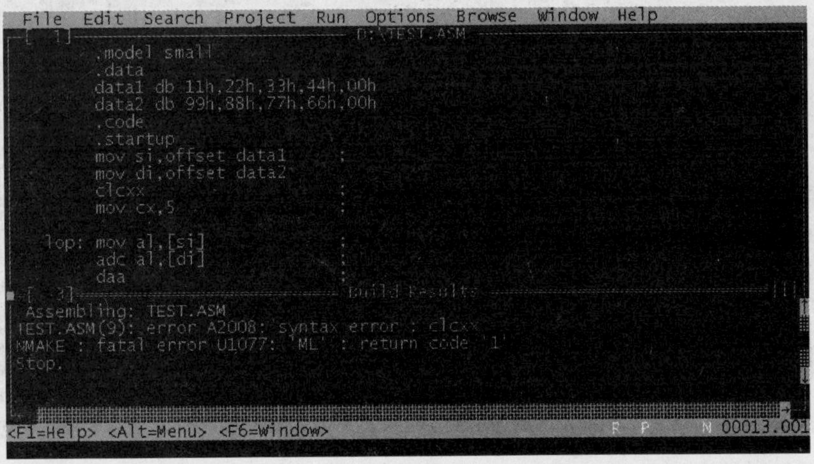

图　1-17

对修改好的源程序再进行汇编与连接，重复上述过程，直到屏幕上出现如图 1 - 15 所示的“0 Errors”为止。

1.5　源程序调试

当汇编与连接错误为零时，就可以点击图 1 - 15 中的 Debug Program 进入源程序调试环境，如图 1 - 18 所示。

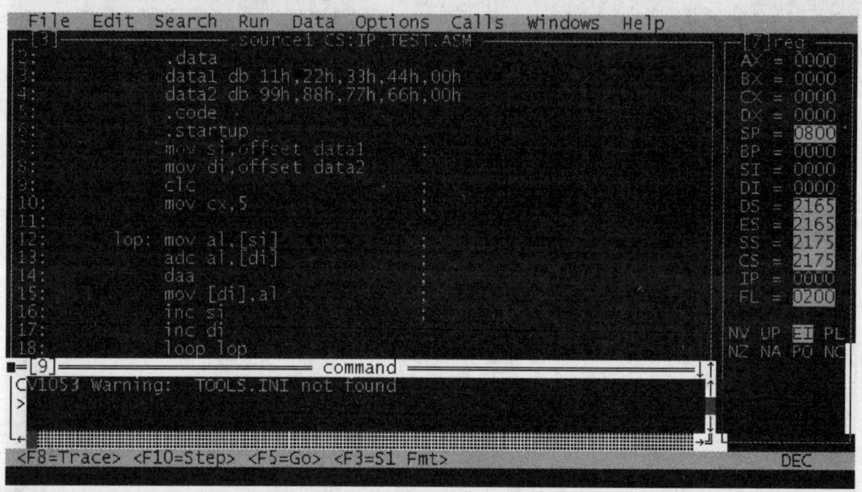

图　1 - 18

MASM611 调试工具中有 10 个调试窗口（图 1 - 19），用鼠标点击图 1 - 18 中的 Windows 菜单就可看到。欲打开 0～9 这 10 个调试窗口中的任一个窗口，用鼠标选择图 1 - 19 中的对应项即可。

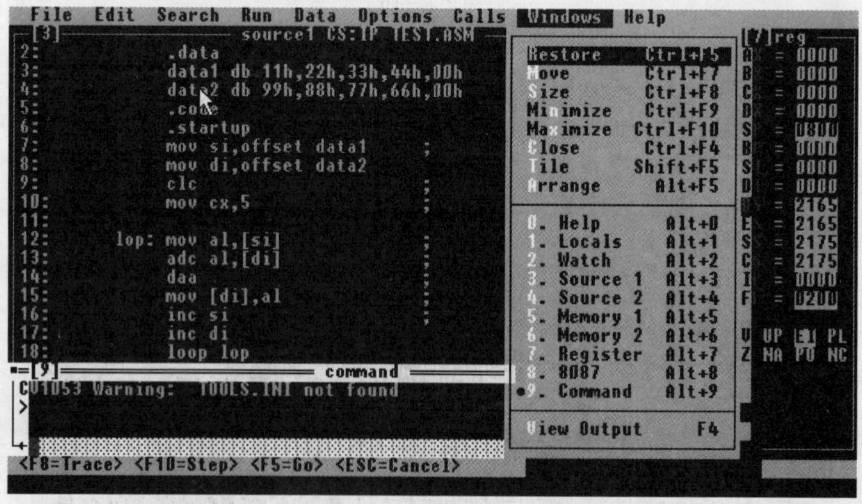

图　1 - 19

图 1 - 20 是打开了 4 个调试窗口的调试界面。

(1)调试窗口 3(Source 1)为源代码窗口，激活后按 F3 键可改变源代码显示形式。源代码显示形式有三种：加行号的源程序形式；机器代码及其反汇编形式；加行号源程序及其反汇编形式。在该调试窗口，通过双击鼠标可以设置光标所在行为调试断点；对调试断点行，通过双击鼠标可以撤消断点设置。

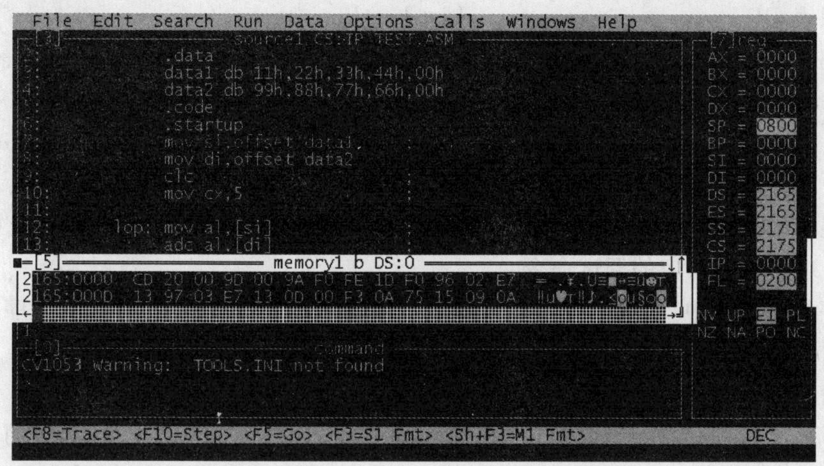

图 1 - 20

(2)调试窗口 7(Register)为 CPU 寄存器窗口，在程序执行过程中，各寄存器的数据在该窗口能够看见，用户也可以修改相关寄存器的数据，还可以根据各段地址寄存器的内容在内存窗口找到对应段，查看其内容。在调试窗口“[7] reg”的底部有标志位符号，其含义如表 1 - 1 所示。

表 1 - 1　标志位的符号表示

标志名称	OF（溢出）	DF（方向）	IF（中断）	SF（负号）	ZF（零）	AF（辅助进位）	PF（奇偶）	CF（进位）
置位	OV	DN	EI	NG	ZR	AC	PE	CY
复位	NV	UP	DI	PL	NZ	NA	PO	NC

(3)调试窗口 5(Memory 1)为内存显示窗口，激活后按 Shift+F3 键可改变显示数据的形式。该窗口左边的“2165:0000”是“段地址:偏移地址”。用该窗口可查看 DS 段、ES 段、SS 段、CS 段的内容，查看方法是，用鼠标击活调试窗口 5 Memory 1 的段地址，并用欲查看段段地址寄存器中的内容改写它。如：欲查看运算数据及运行结果或中间结果，则应先击活窗口 5 Memory 1 的段地址，再把数据段段地址寄存器 DS 中的内容写到窗口 5 Memory 1 的段地址处，就可看到数据段内容。

(4)调试窗口 9 (Command)为命令会话窗口。在该窗口中，有丰富的调试会话命令，可以使用调试会话命令对程序进行跟踪执行、单步执行、执行到断点，也可以转储(显示)内存、设置断点、清除断点、断点列表等。现将基本命令列出：

跟踪执行 T [count]　Execute count instructions(trace into calls)

单步执行 P [count]　Execute count instructions (step over calls)

执行到断点 G [breakpoint]　Execute until stopped

转储内存 D [type]　Dump memory

[addr|range]

设置断点 BP [addr[count][commands]]　Set a breakpoint

清除断点 BC　Clear a breakpoint or breakpoints

断点列表 BL　List breakpoints

其他调试会话命令可以用点击图 1 - 20 中的 Help→contents→codeview→command window commands 方法查找。

在图 1 - 20 调试窗口主界面的底部,有〈F8＝Trace〉〈F10＝Step〉〈F5＝Go〉〈F3＝S1 Fmt〉〈Sh＋F3＝M1 Fmt〉命令键,它们分别为:跟踪执行、单步执行、执行到断点、Source1 窗口源代码显示形式改变、Memory 1 窗口显示数据形式改变。用鼠标点击它们或按对应的功能键,PWB 就会执行对应的调试命令。

在程序执行过程中,如果有关窗口某些显示项颜色改变,说明刚执行过的程序行影响了它们,编程人员可以根据这些对应数据判断程序算法的错对。

调试窗口的激活、缩放、移动及关闭方法如下:

(1)激活:将鼠标移动到当前窗口并点击鼠标左键,此时该窗口边框变亮,表明当前窗口被激活。

(2)缩放:将鼠标放在被激活窗口右下方边框“╝”处,并按住鼠标左键移动鼠标,则可以改变当前窗口的大小。

(3)移动:将鼠标放在被激活窗口左边框线或上边框线上,并按住鼠标左键移动鼠标,则可移动当前窗口的位置。

(4)关闭:将鼠标放在被激活窗口的左上方边框“■”处,单击鼠标左键则关闭当前窗口。

注意:调试窗口 3 和调试窗口 4 为程序窗口,只能关掉一个。

当调试程序执行完后,若想再次执行,应点击图 1 - 21 中 Run 主菜单下的 Restart。

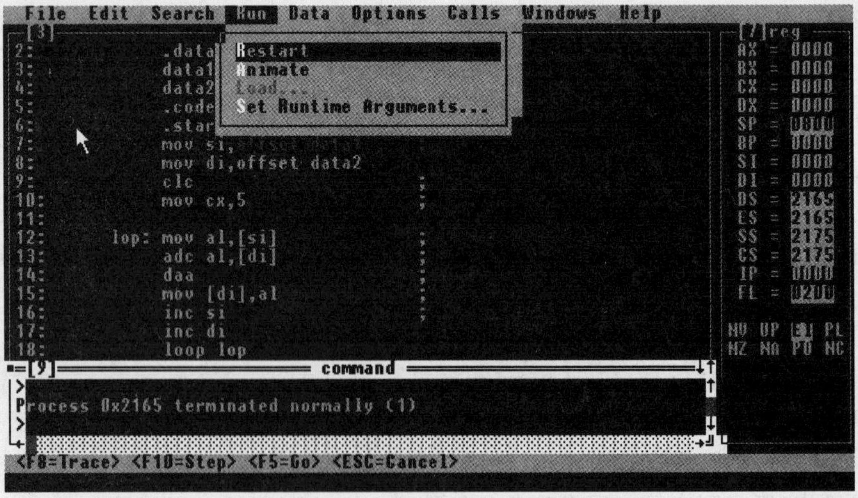

图 1 - 21

在调试过程中发现了算法错误要到编辑环境去修改，想退出调试环境时，则要点击该环境下 File 菜单下的 Exit(图 1 - 22)。本步骤做完后，PWB 又回到文件编辑状态(图 1 - 13)。在文件编辑环境下可改正算法错误，再进行编译、连接、调试，直到程序正确为止。

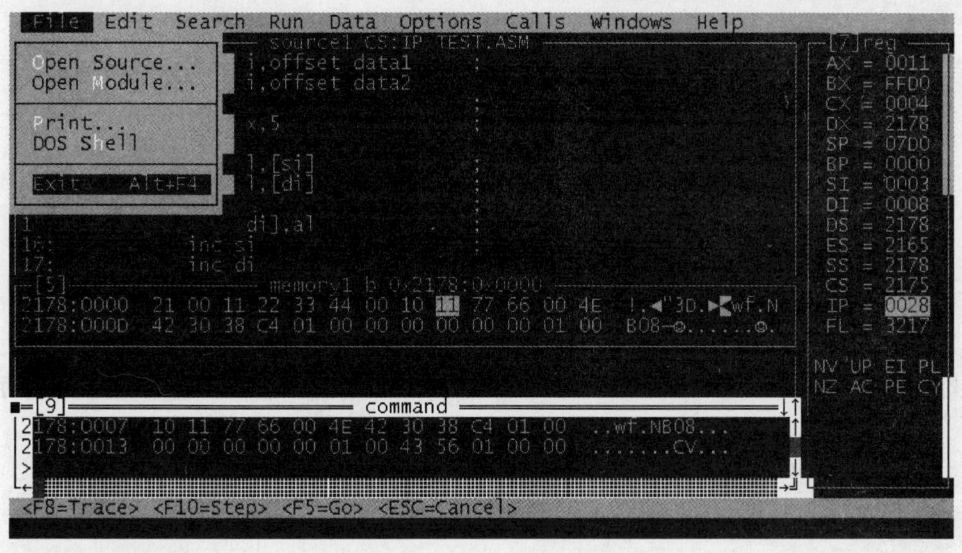

图　1 - 22

1.6　在线帮助

PWB 在线帮助系统按问题类型组织为用户提供帮助，用户可通过以下几种方式得到在线帮助：

(1)从主菜单的 Help 菜单打开帮助，出现最高一级帮助菜单，用户可按不同方式查找。

(2)按下 Shift＋F1 键，出现总的帮助菜单目录，用户用鼠标根据需要可一级一级走下去。

(3)打开菜单，将光标移至需求帮助的选项，按下鼠标右键或 F1，可得到该项的帮助。

(4)在全屏幕编辑方式下编辑源程序时，用鼠标点亮某一关键字(如指令、伪指令等)然后按 F1。

第2章 软件实验部分

2.1 数制转换实验

一、实验目的

(1)熟悉在 MASM611 集成环境下建立、汇编、连接、调试和运行汇编语言程序的全过程;

(2)掌握汇编语言程序结构中数据段、堆栈段、代码段的定义方法,以及数据段的内存分配方法;

(3)学会 DEBUG 调试程序主要命令的使用方法;

(4)掌握十进制数和十六进制数相互转换的方法。

二、实验内容

(1)十进制数转换为十六进制数(BCD→HEX);

(2)十六进制数转换为十进制数(HEX→BCD)。

三、实验要求

(1)十进制数转换为十六进制数:在 DATA1 定义的字节单元中存入 1 个 2 位十进制数,编程将其转换为十六进制数,并将转换结果存入 DATA2 单元中;

(2)十六进制数转换为十进制数:在 DATA1 定义的字(双字节单元)中存入 1 个 4 位十六进制数,编程将其转换为十进制数,并将转换结果存入 DATA2 为首址的内存中;

(3)用 DEBUG 调试程序、查看运算结果,进行手工验证;并且用 DEBUG 修改数据,重新执行。

四、实验报告

(1)写出实验内容、实验要求;

(2)画出程序流程框图;

(3)给出程序清单;

(4)给出计算结果,写出数据及其段地址和偏移地址;

(5)列出从进入 MASM611 集成环境到完成一个实验内容的详细操作步骤。

2.2　BCD 码运算实验

一、实验目的

(1)熟悉在 MASM611 集成环境下建立、汇编、连接、调试和运行汇编语言程序的全过程;

(2)掌握汇编语言程序结构中数据段、堆栈段、代码段的定义方法及及数据段的内存分配方法;

(3)学会 DEBUG 调试程序主要命令的使用方法;

(4)掌握用组合 BCD 码表示数据的方法,并熟悉其加、减、乘、除运算。

二、实验内容

(1)多位十进制数加法;

(2)2 位十进制数乘法。

三、实验要求

(1)多位十进制数加法:在内存中以 DATA1 和 DATA2 为首址,各分配 5 个字节单元,分别存入 2 个用组合 BCD 码表示的 8 位十进制数据(低位在前),编程将两数相加,并将结果回送到 DATA2 处。

(2)2 位十进制数乘法:将被乘数和乘数以组合 BCD 码形式分别存放于 DATA 1 和DATA 2 定义的字节单元中,编程进行乘法运算,并将乘积存入 DATA 3 定义的 2 个内存单元中。

(3)用 DEBUG 调试程序、查看运算结果,进行手工验证;并且用 DEBUG 修改数据,重新执行。

四、实验报告

(1)写出实验内容、实验要求;

(2)画出程序流程框图;

(3)给出程序清单;

(4)给出计算结果,写出数据及其段地址和偏移地址;

(5)列出从进入 MASM611 集成环境到完成一个实验内容的详细操作步骤。

2.3　字符串匹配程序

一、实验目的

掌握 Intel X86 字符串操作指令的使用方法及附加段的定义。

二、实验内容

(1)在内存中搜索单个字符;

(2)在内存中搜索字符串。

三、实验要求

(1)在内存中搜索单个字符：用 DATSEGMENT 和 DATOFFSET 定义要搜索内存的段地址和段内偏移地址，程序默认搜索长度为 100H 个单元，搜索字符为空格字符，其 ASCII 码值为 20H。程序执行之后，将找到的 10 个以内的所有空格字符在指定搜索段内的偏移地址按找到的顺序存入 DATADDR 定义的存储区中，地址低字节在前；若找不到则将 0000H 存入该存储区前 2 个单元。

(2)在内存中搜索字符串：参考(1)的要求，把搜索单个字符改为字符串，字符串长度不小于 5，预定义在 DATSTRING 指定的单元中。程序执行后，将找到的 10 个以内的所有字符串在指定搜索段内的偏移地址按找到的顺序存入 DATADDR 定义的存储区中，地址低字节在前；若找不到则将 0000H 存入该存储区前 2 个单元。

(3)用 DEBUG 调试程序查看运行结果，可用 DEBUG 在搜索内存区中预置数据，验证程序运行结果。

四、实验报告

(1)写出实验内容、实验要求；
(2)画出程序流程框图；
(3)给出程序清单；
(4)给出程序运行结果。

2.4 循环结构程序

一、实验目的

(1)掌握循环结构程序的设计、调试方法；
(2)掌握子程序的定义方法；
(3)学会常用输入/输出 DOS 功能调用方法。

二、实验内容

(1)多字节无符号数加法；
(2)设计一软件延时器，并在屏幕上显示软件延时倒计时过程；
(3)在显示器上输出从键盘输入的字符。

三、实验要求

(1)多字节无符号加法：在 DATAS 中存放 10 个双字节无符号数，用循环结构设计程序，通过程序运算，把这 10 个双字节无符号数相加，其和存入紧邻加数之后的 4 个单元中。

(2)软件延时器：做一延时约 1 s 的软件延时器，在屏幕上按 9，8，…，0 顺序显示软件延时倒计时过程。

(3)显示键盘输入字符:可以输入除 Q 以外的任意字符,但在显示器上只输出与 0,1,2,3,4,5,6,7,8,9,A,B,C,D,E,F 字符相同的输入,不是这 16 个字符的输入不显示,并且当输入 Q 时,程序结束。试编程实现。

(4)可用 DEBUG 调试程序,预置数据,并查看运算结果。

四、实验报告

(1)写出实验内容、实验要求;
(2)画出程序流程框图;
(3)给出程序清单;
(4)给出程序运行结果。

2.5　排序程序

一、实验目的

(1)学习无符号数比较大小指令;
(2)掌握多重循环编程方法;
(3)掌握汇编语言编写排序程序的思路和方法。

二、实验内容

(1)单字节无符号数排序;
(2)去极值滤波。

三、实验要求

(1)单字节无符号数排序:DATANUM 单元开始存放双字节无符号数,表示要排序数据的个数;DATAS 单元开始存放要排序的数据,数据个数至少 10 个,程序运行之后,这些数据按照由小到大的顺序仍然存放于 DATAS 单元开始的位置。

(2)去极值滤波:某控制系统为了抗干扰,采用去极值滤波法处理采集数据,采集数据所用 A/D 转换器精度为 12 位。取连续 6 个 A/D 采样值(双字节,低 12 位),要求去掉最大值和最小值,将余下 4 个数求平均值,用该平均值代表当前时刻系统状态的真值。试编一程序完成这个滤波过程。

四、实验报告

(1)写出实验内容、实验要求;
(2)画出程序流程框图;
(3)给出程序清单;
(4)给出程序运行结果。

2.6 分支程序

一、实验目的

掌握分支程序编程方法,复杂分支程序的查表法等。

二、实验内容

(1)学生课程成绩分段统计;

(2)键盘及屏幕显示功能调用。

三、实验要求

(1)学生课程成绩分段统计:用单字节表示每个学生的学号,学生的课程成绩用2位十进制数表示(最低0分,最高99分),规定:0F0H表示作弊,0F1H表示缺考,0FFH为一组学生成绩的结束符。学生成绩在内存的存放形式为"学号,成绩",每个学生占2个字节,从内存SCORE为首址开始存放,要求学生人数不少于10个,试编写程序,按0~9,10~19,20~29,…,80~89,90~99及作弊、缺考等12种情况把学生的课程成绩进行分段统计,将统计结果存入以COUNT为首址的12个单元中。

(2)试编一程序扫描键盘,当B键按下时,在屏幕上显示0~9循环计数;S键按下时停止计数;再按下B键继续计数过程。E键按下时退出程序。

(3)用DEBUG调试程序,预置数据,并查看程序运行结果,验证程序正确性。

四、实验报告

(1)写出实验内容、实验要求;

(2)画出程序流程框图;

(3)给出程序清单;

(4)给出程序运行结果。

第 3 章　硬件实验设备简介

3.1　性能简介

SME－3 多功能微机技术学习机实验台(简称:实验台)以基本微型计算机接口实验为主,兼顾综合性实验和新发展技术实验。

在基本接口实验方面,实验台可进行串行通信、并行输入/输出、定时/计数器、A/D 转换、D/A 转换、存储器扩展、中断、键盘扫描及数码管显示等实验。

在综合性实验方面,实验台可进行交通灯控制、频率计、电子钟、电子音乐、温度控制模拟、电动机控制模拟、多路数据采集等实验;经过合理组合,还可进行其他综合性实验。

在新技术学习方面,实验台配置了现场可编程技术实验。用户用专门的 EDA 设计工具(如:MAX + PLUS Ⅱ 或 Quartus Ⅱ)对 FPGA 芯片编程,利用实验台提供的资源进行相关实验。通过对现场可编程芯片 EPM7128 的学习与实践,可以对当前国内外微电子领域普遍关注的现场可编程器件及其应用开发方法有一定的了解。

另外,实验台上还设置有光电隔离、继电器、比较器、直流电压产生、单脉冲产生、波形发生器(可产生正弦波、三角波、方波)等,以便进行相关实验。还设置有逻辑笔,以便调试时进行 TTL 逻辑电平的简单测试。

3.2　结构及相关部分说明

实验系统由微型计算机、PC 扩展卡(插在主机箱内)和 PC 总线扩展实验台(即:SME－3 多功能微机技术学习机)构成,实验系统框图如图 3－1 所示。

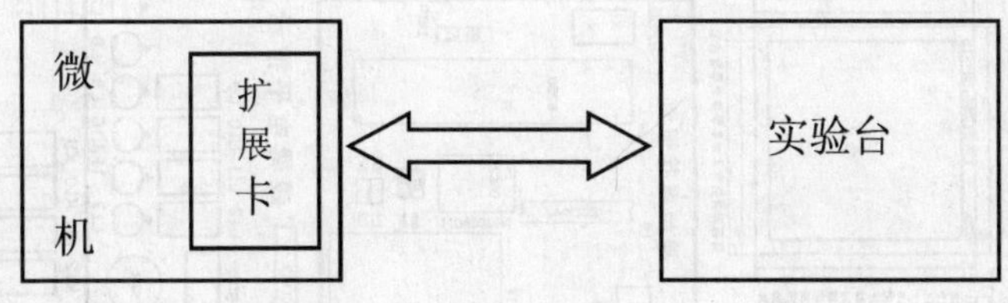

图 3－1　实验系统框图

SME－3 多功能微机技术学习实验台结构图如图 3－2 所示。

由结构图可知,该实验台由若干单元组成。下面简要介绍这些单元。

(1)实验台与 PC 总线连接的总线接口插座。

(2)实验台电源开关:装于实验箱工具槽内,用于接通或断开实验台的电源。电源打开时,实验台上的 3 只电源指示灯应该全部点亮。

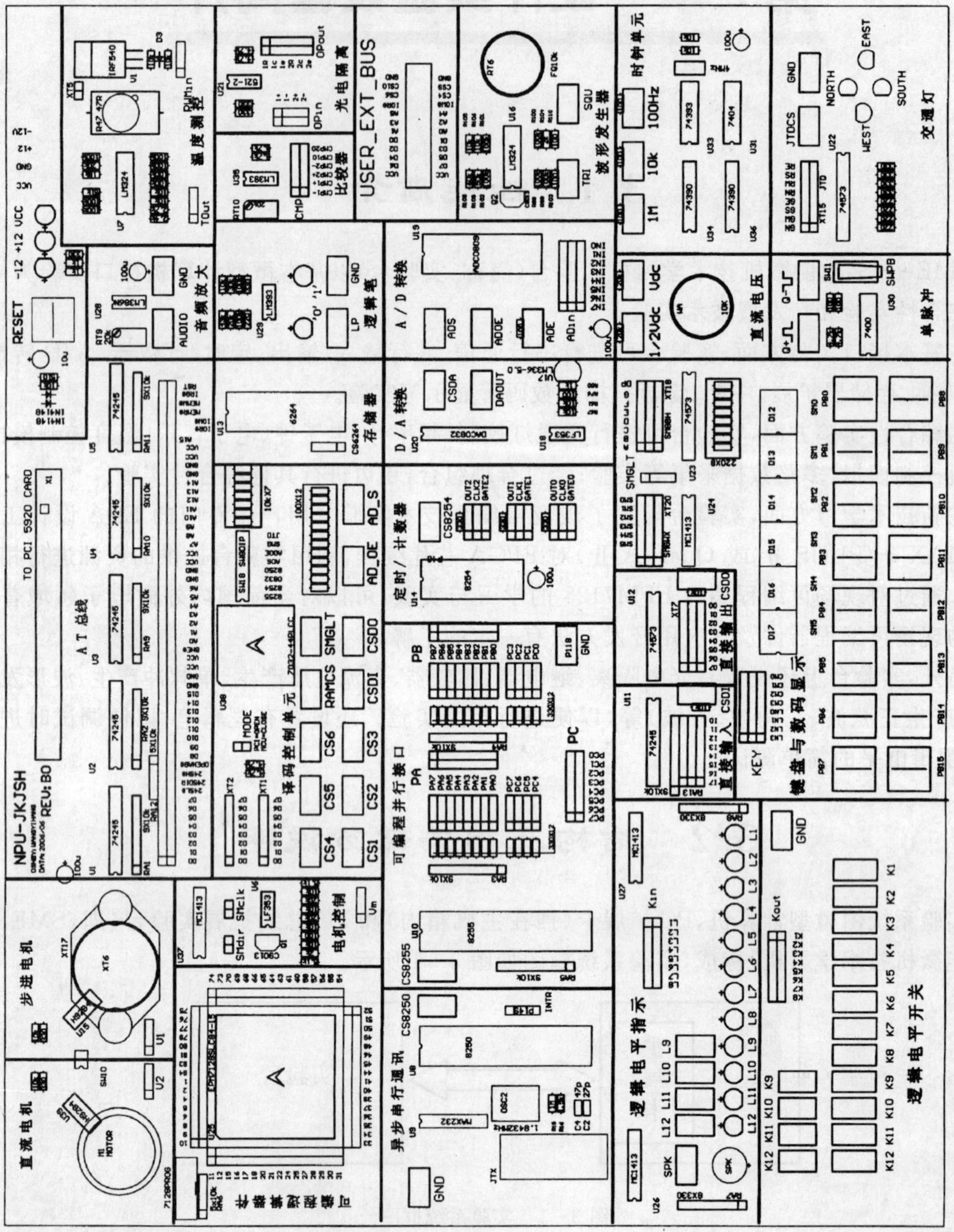

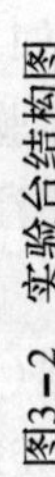

图3-2　实验台结构图

(3)AT 总线:提供 PC 机的地址、数据、控制总线。实验时可接引相关信号。

(4)译码控制单元:由 CPU 的地址线、控制线逻辑组合后,产生了若干片选信号,它们被用作实验台上接口芯片的片选控制信号。支持 4 端口 I/O 操作的片选孔有 4 个:CS1,CS2,CS3,CS4;支持 8 端口 I/O 操作的片选孔有 2 个:CS5,CS6。支持单端口 INPUT 操作的片选孔:CSDI;支持单端口 OUT 操作的片选孔:CSDO。支持低字节存储器的片选孔:CSRAM。支持 A/D 转换启动的控制孔:AD－S;支持读 A/D 转换结果的片选孔:AD－OE。还有其他的片选孔。

(5)串行接口实验单元:可进行 RS232 串行通信。串行通信实验时,通信接口插座连接对应串行接口。

(6)并行接口输入/输出实验单元。

(7)定时/计数器实验单元。

(8)A/D 转换实验单元。

(9)D/A 转换实验单元。

(10)存储器实验单元:可进行 6264 静态存储器扩展实验。

(11)中断实验。

(12)交通灯、键盘与数码显示实验单元。

(13) 8 位 I/O 单元。

(14) FPGA 现场可编程实验单元:适应 ALTERA 公司的 EPM7128 芯片。本单元中的 JPROG 插座为信息下载插座,下载芯片编程信息时,用专用电缆连接到计算机打印口。

(15)光电隔离实验单元。

(16)比较器实验单元。

(17)温度测试实验单元。

(18)时钟产生单元:可产生 1MHz,10kHz,100Hz 时钟。

(19)逻辑电平开关单元。

(20)逻辑电平指示单元。

(21)直流电压产生单元:通过旋转 WA 旋钮,使 Vdc 孔的输出电压改变,其用途是为 A/D 转换实验提供模拟信号。

(22)波形发生器单元:分别从 SINOUT,TRIOUT,SQU 孔输出正弦波、三角波、方波。

(23)单脉冲产生单元。

(24)音频放大器。

(25)逻辑笔。

(26)电动机驱动及测速单元:为 D/A 转换实验提供执行对象。

(27)复位:产生本实验台复位信号。

3.3 公共电路介绍

为了方便实验,实验台设计时已将实验用相关器件的地址线、数据总线及除 CS 外的控制线连接到位,并在每一个实验电路附近预留有若干信号连线插孔。实验时只要将相应插孔用单股导线或扁平电缆对应相连即可。现将实验台上部分通用电路及相应插孔介绍如下:

(1)逻辑电平指示:实验台上有 12 只发光二极管及相应驱动电路,插孔 L1～L12 为对应发光二极管驱动信号输入端,当输入端为高电平“1”时发光二极管亮。电路图如图 3-3 所示。

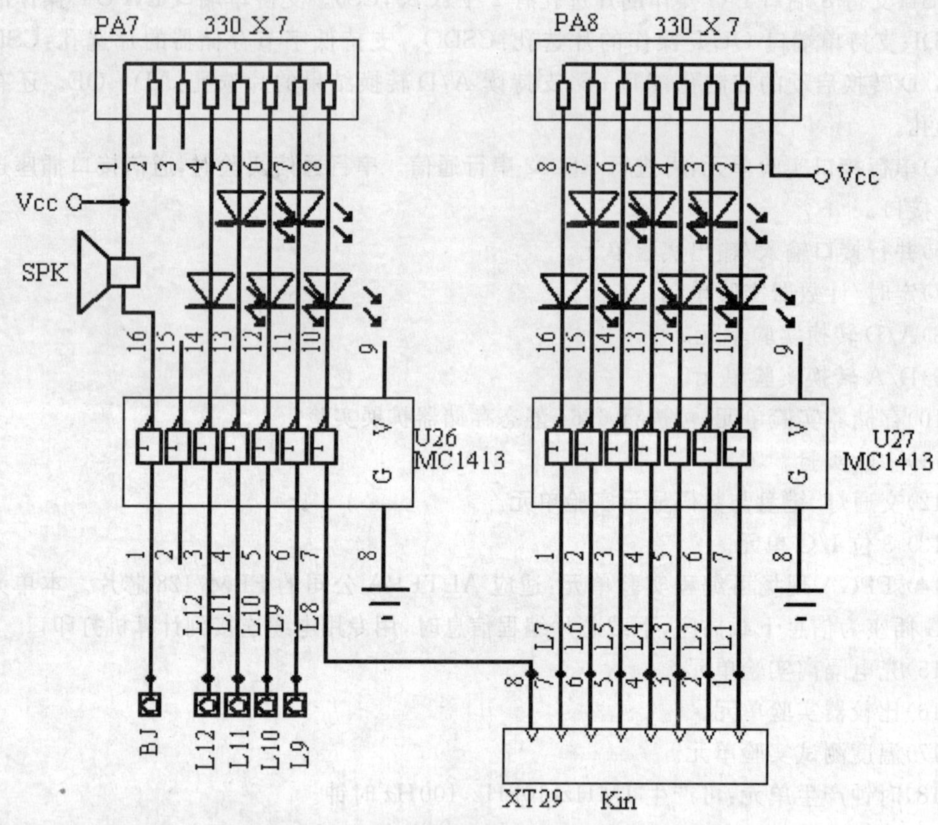

图 3-3 逻辑电平指示电路图

(2)逻辑电平开关:实验台上有 SK1～SK12 共 12 个开关,与之对应的 K1～K12 插孔为逻辑电平输出端。开关向上拨相应插孔输出高电平“1”,向下拨相应插孔输出低电平“0”。电路图如图 3-4 所示。

(3)单脉冲:实验台上单脉冲产生电路如图 3-5 所示。Q+,Q−插孔分别为正、负单脉冲输出端。轻触开关(SWPB)即产生单脉冲。

(4)时钟信号产生:时钟信号产生电路见图 3-6。振荡器产生的信号经过 74LS393,74LS390 分频后分别由 1 MHz,10 kHz,100 Hz 插孔输出。另外,500 kHz 信号提供给了 A/D 转换器。

(5)译码控制逻辑电路:译码控制逻辑电路见图 3-7。

实验台上有 1 只 8 联的拨码开关,部分单元电路的片选线通过该开关可以和译码控制逻辑电路的相应输出连接,但须注意,若某一译码控制逻辑输出已通过单股导线与有关芯片连接,就不能再动用拨码开关对应位,以免短接烧坏电路。表 3-1 给出了译码控制输出插孔对应的偏移地址。

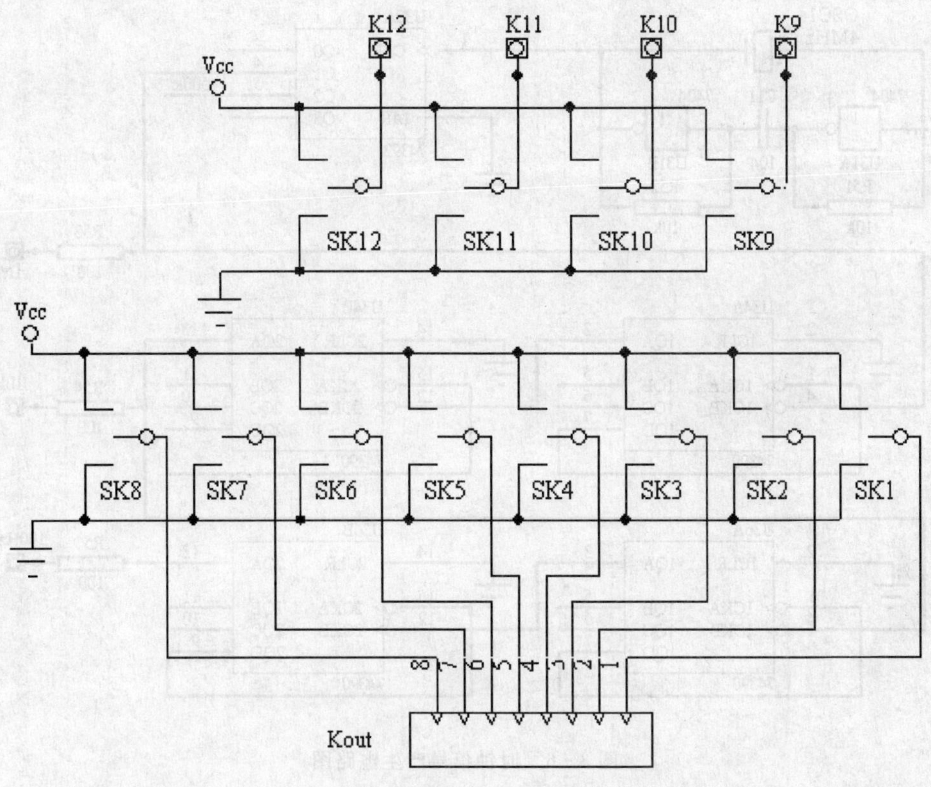

图 3－4　逻辑电平开关电路图

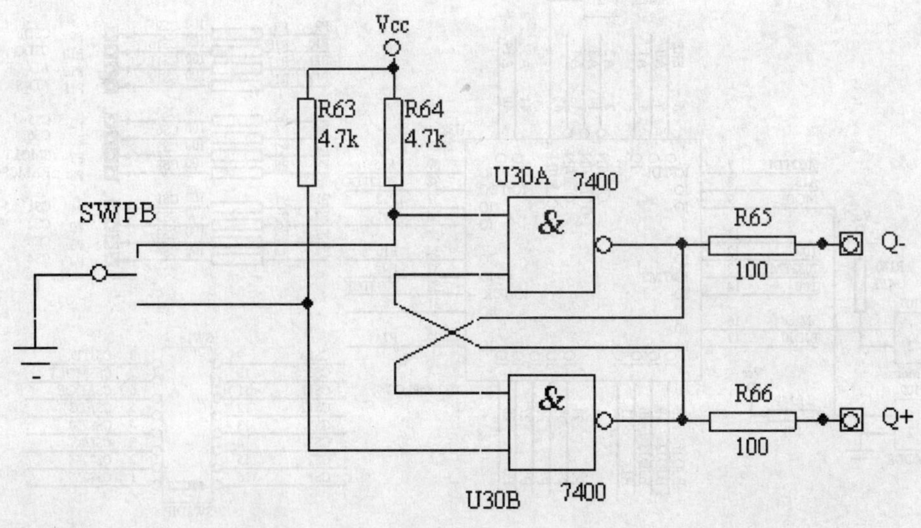

图 3－5　单脉冲产生电路图

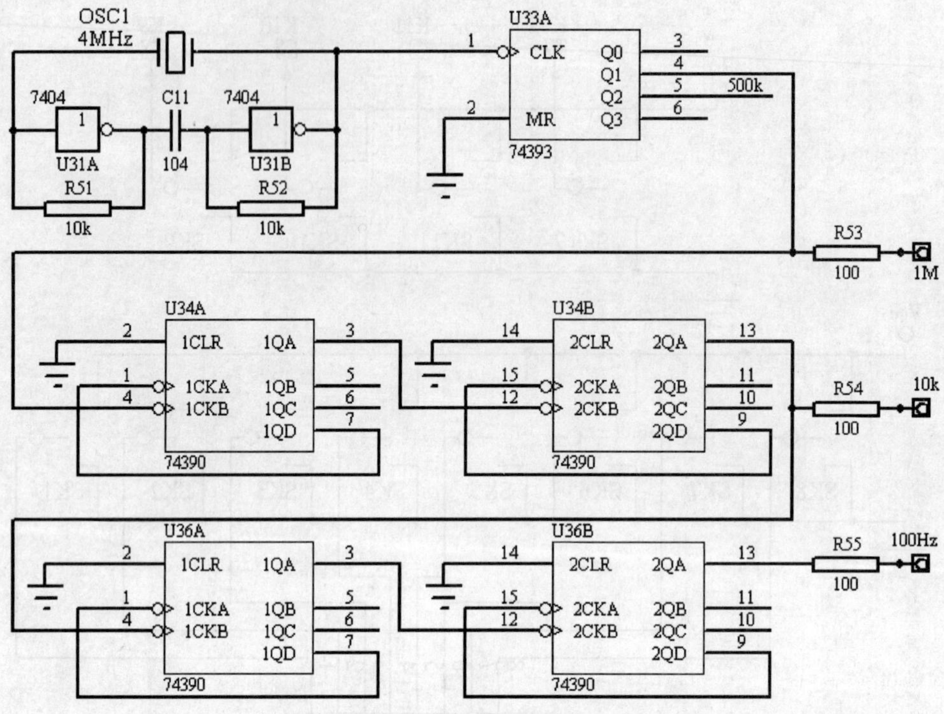

图 3-6　时钟信号产生电路图

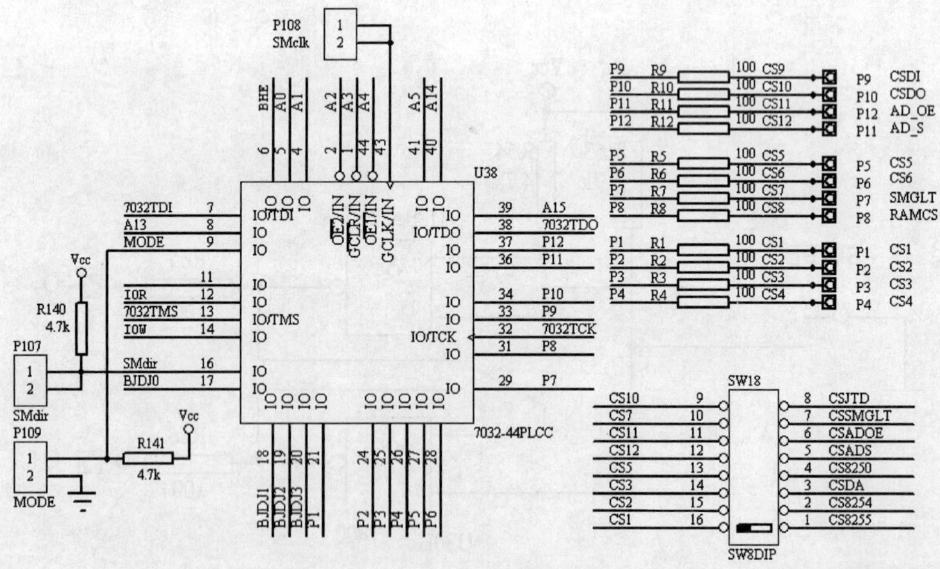

图 3-7　译码控制逻辑电路图

表 3-1 实验系统译码控制输出插孔对应的偏移地址

插孔名称	偏移地址	默认连接	说 明
CS1	00~03H	CS8255	地址选中即为低电平
CS2	04~07H	CS8254	同上
CS3	08~0BH	CSDA	同上
CS4	0C~0FH		同上
CS5	10~17H	CS8250	同上
CS6	18~1FH		同上
SMG	20H	SMGLT	对该地址进行 IO 读写将产生一个正脉冲
CSDI	21H		对该地址进行 IO 读将产生一个负脉冲
CSDO	22H		对该地址进行 IO 写将产生一个正脉冲
ADS	28~2FH	ADS	对该地址进行 IO 写将产生一个正脉冲,读该端口不起作用
ADOE	28~2FH	ADOE	对该地址进行 IO 读将产生一个正脉冲,写该端口不起作用
	30~3FH		保留
RAMCS		RAMCS	

3.4 实验板基地址的获取

由于 PCI 总线的即插即用特性,整个实验板占用的存储器空间和 I/O 空间的地址范围是浮动可变的,这就给程序设计带来了一个问题,如何知道某个寄存器的具体 I/O 地址。板卡的驱动程序通过厂商标识码(VID)和设备标识码(DID)来标识一块板卡,操作系统中的即插即用管理器(PnP Manager)也通过这两个 ID 号来加载相应板卡的驱动程序。这是一套非常复杂的机制。

在 Windows 98 下面,这里有一个简单的方法来获取板卡的地址。单击“我的电脑”,点击右键,选中属性,这时会弹出“系统属性”对话框,见图 3-8;然后选中“计算机接口技术实验平台”,单击“属性”,出现如图 3-9 和图 3-10 所示的对话框,在“资源”一栏中显示了实验平台所占用的系统资源。说明如下:

“中断请求 05”,说明系统给实验平台分配了中断资源,占用 IRQ5;“内存范围 FA010000—FA011FFF”,说明系统给实验平台分配了内存资源,实验台上面的存储器 U13(6264)被映射到 CPU 存储器空间的“FA010000—FA011FFF”地址段,共 8KB;“输入输出范围 E100—E17F”说明系统给实验平台分配了 IO 资源,占用 CPU IO 空间的 E100—E17FH 地址段,点击向下的滚动条,应该还有一个“输入输出范围”,这里是“输入输出范围 E200—E23F”。需要说明的是,第一个“输入输出范围”是 PC 卡上的 S5920 芯片占用的,第二个“输入输出范围”才是实验台的资源,在编程时不能相互混淆,否则得不到正确的实验结果。

系统 属性
常规
设备管理器
硬件配置文件
性能
按类型查看设备(T)
按连接查看设备(C)
计算机
Storage device
磁盘驱动器
端口 (COM & LPT)
计算机接口技术实验平台
监视器
键盘
其他设备
PCI Universal Serial Bus
人机接口设备
声音、视频和游戏控制器
鼠标
通用串行总线控制器
网络适配器
系统设备
属性(R)
刷新(F)
删除(E)
打印(N)...
确定
取消

图　3-8

计算机接口技术实验平台 属性
常规
驱动程序
资源
计算机接口技术实验平台
使用自动的设置(U)
设置的依据(B):
基本配置 0000
资源类型
设置
中断请求
05
内存范围
FA010000 - FA011FFF
输入/输出范围
E100 - E17F
更改设置(C)...
冲突的设备列表:
没有冲突。
确定
取消

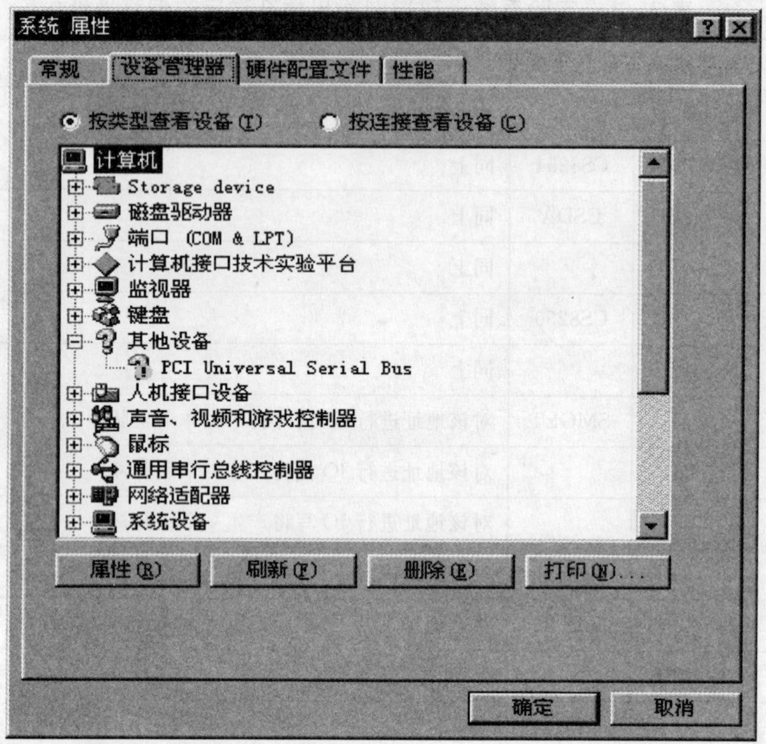

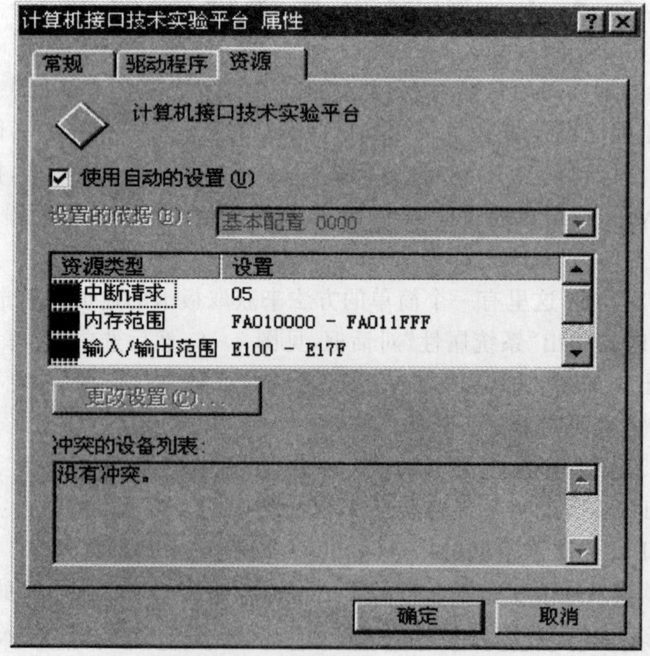

图　3-9

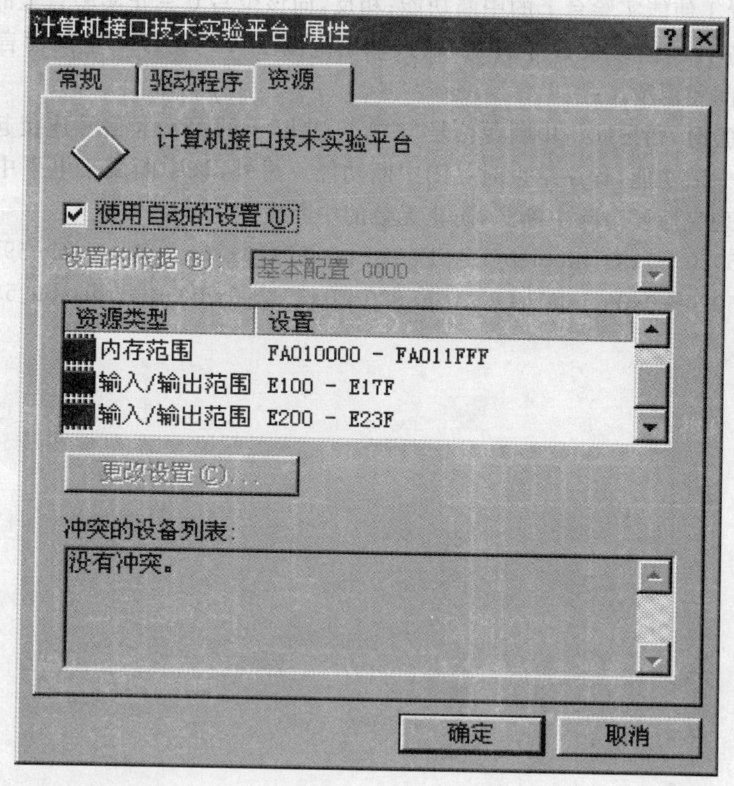

图　3-10

对实验台上的寄存器的访问,在程序编制时,建议写成“板卡基地址＋偏移地址”的形式,并把“板卡基地址”定义成一个宏,这样,写出来的程序在不同机器上运行时适应性就强。例如:写 80H 到 8255 的控制口。

```
#define  IO_BASE  0x????
#define  _8255_   (IO_BASE+0x0)
//…
outportb(_8255_+3,0x80); //Write 8255 control word
//…
```

在不同的机器使用该套实验台时,通过改变宏 IO_BASE 的值就行了,该值从设备管理器中查到。

3.5　使用中断

PCI 总线提供了 4 根中断线,分别是:INTA#,INTB#,INTC#,INTD#。不幸的是,通常情况下商业机器只使用了 INTA#,但这并不妨碍我们使用中断。PCI 总线的中断属于电平中断形式,这样一来,不同的板卡就可以通过共享中断线的形式来增加设备。PCI 设备的中断处理方式属于向量加查询的方式。通常情况下,PCI 设备的寄存器组里都有“使能/禁止”该板卡中断的功能,我们的实验平台也不例外。这个功能位编制在 5920 芯片 39H 偏移处的 D6

位，通过对该位置 1 使能实验台上的中断功能；相反，向该位写 0 禁止实验台上的中断功能。

注意，5920 芯片的偏移 39H 是针对“输入输出范围 E100—E17F”空间而言的，不要与实验台输入输出空间相混淆。

进行中断实验时，用导线将中断源信号与“AT 总线”上的 IRQ＃信号连接起来，注意在程序初始化中打开中断功能，程序结束时关闭中断功能。另外，该中断属于电平中断（低电平有效），在对中断处理完后要清除中断源，防止无效的中断发生。

```
outportb(BASE5920＋0x39,inportb(BASE5920＋0x39)|0x20); /* enable 5920 INTA */
outportb(BASE5920＋0x39,inportb(BASE5920＋0x39)&0xdf); /* disable 5920 INTA */
```

第 4 章　硬件实验部分

特别说明：为了方便实验，设计实验台时已将实验用相关器件的地址线、数据总线及除片选(CS)外的控制线连接到位，并在每一个实验电路附近预留有若干信号连线插孔或插针排。实验时只要将相应插孔或插针排用单股导线或扁平电缆对应相连即可组成完整的实验电路。在给出的实验电路图中，线路所带小方圆圈即表示连线插孔。

硬件实验注意事项：

(1)只有在实验台断电条件下，才能用单股导线或扁平电缆连接电路；

(2)线路连接完成、检查确认没有错误后，再开通实验台电源；

(3)用单股导线连接电路时，要将单股导线线头整直，并确认线头没有断裂；

(4)实验完成后，关断实验台电源，再一根一根垂直拔掉连接导线或扁平电缆，并把连接导线整好放入线盒。

4.1　并行接口技术实验

一、实验目的

(1)掌握 8255A 并行接口的基本使用方法；

(2)理解数码管扫描显示原理，学习数码管扫描显示方法。

二、实验内容

(1)用 8255A 作为并行接口，从 8255A 的一个端口输入开关量到 CPU 或内存，再将这一数据通过数据总线和 8255A 的另一个端口扫描输出到数码管。设 8255A 的 A 口为输入方式，接逻辑电平开关；8255A 的 B 口为输出方式，通过 MC1413 驱动器接数码管的位选端；数码管的字划端通过 74HC573 与数据总线相连；逻辑电平开关 SK1～SK6 按 1～6 编号。试编写一程序，用一位数码管指示出逻辑电平开关为“0”状态的开关编号，即当 1 号逻辑电平开关为“0”时，所选数码管显示“1”；2 号逻辑电平开关为“0”时，数码管显示“2”；……；6 号逻辑电平开关为“0”时，数码管显示“6”。所有逻辑开关的初始状态为“1”。

(2)设 8255A 的 B 口为输出方式，通过 MC1413 驱动器接数码管的位选端；数码管的字划端通过 74HC573 与数据总线相连。试编写一动态扫描程序，让 6 个数码管“同时”点亮，显示“1，2，3，4，5，6”。

(3)小键盘键的编号为：0，1，…，9，A，…，F。将 8255A 的 C 口的低 4 位和高 4 位分别设置为输出和输入方式，PC0，PC1，PC2，PC3 接小键盘的 CM0，CM1，CM2，CM3；PC4，PC5，PC6，PC7 接小键盘的 LN0，LN1，LN2，LN3。编写小键盘扫描程序，按哪个键，屏幕上就显示所按那个键的键号。

三、实验电路及设计

1."实验内容(1)"实验电路及设计

(1)"实验内容(1)"电路图如图 4－1、图 4－2 和图 4－3 所示。

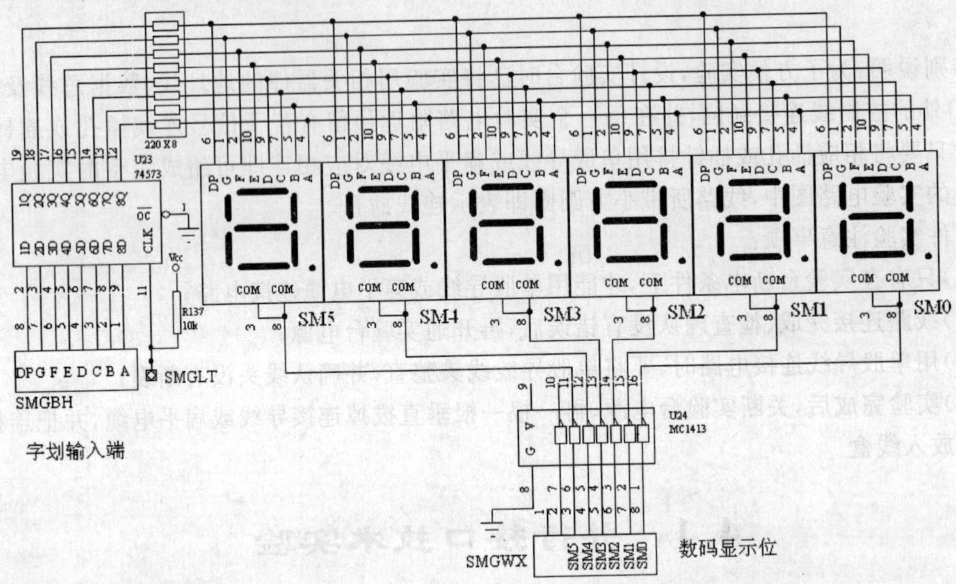

图 4－1　显示单元

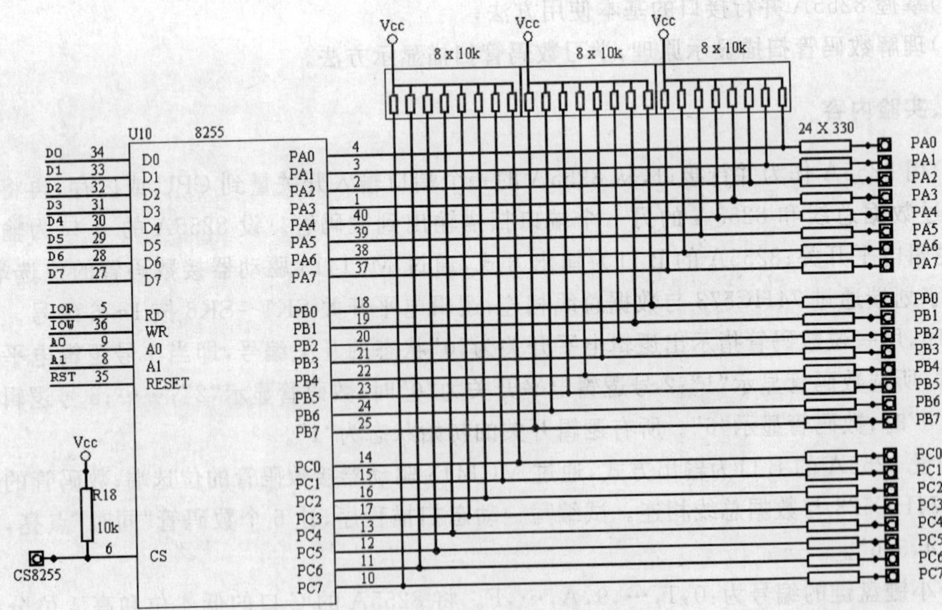

图 4－2　8255 并行接口

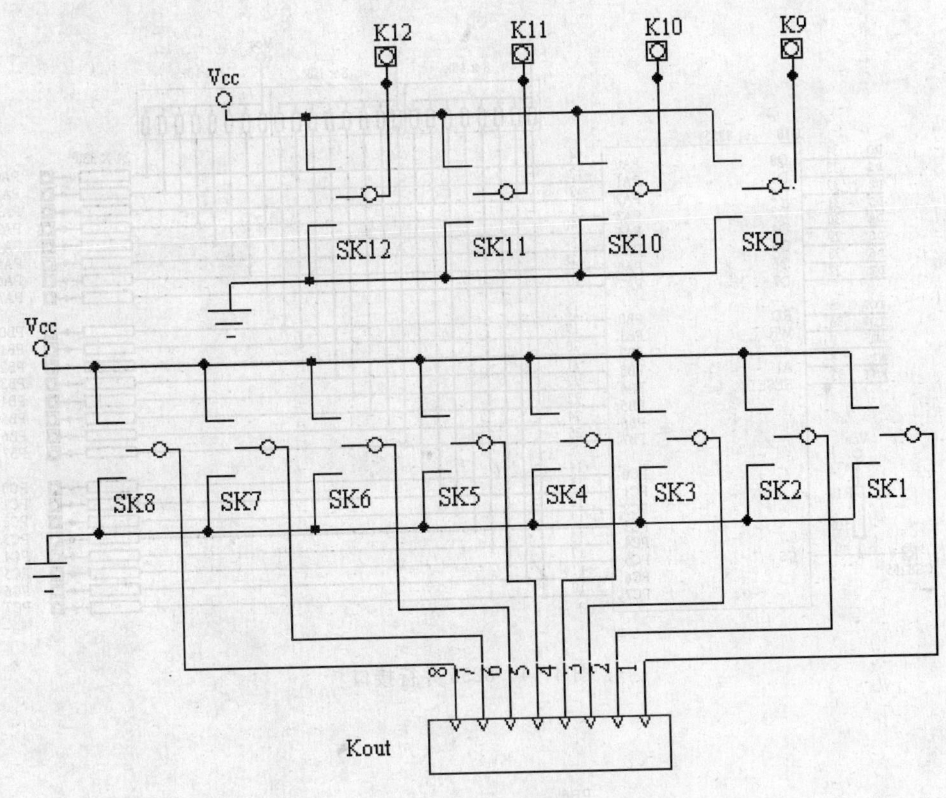

图 4-3　逻辑电平开关

(2)“实验内容(1)”连线方法如下：

(ⅰ)逻辑电平开关输出孔 K1～K6 对应连接到 8255A 的 PA0～PA5；

(ⅱ)8255A 的 PB0～PB5 对应连接到数码管的位选驱动端 SM0～SM5；

(ⅲ)数据总线 D0,D1,D2,D3,D4,D5,D6,D7 对应连接到数码管的字划端 A,B,C,D,E,F,G,DP；

(ⅳ)8255A 的片选端 CS8255 连到译码控制单元的 CS1；

(ⅴ)74HC573 的使能端 SMGLT 连到译码控制单元的 SMGLT。

2.“实验内容(2)”实验电路及设计

(1)“实验内容(2)”电路图与“实验内容(1)”电路图基本相同,但在“实验内容(2)”电路图中没有逻辑电平开关部分。

(2)“实验内容(2)”连线与“实验内容(1)”连线基本相同,但“实验内容(2)”连线中不连逻辑电平开关部分。

3.“实验内容(3)”实验电路及设计

(1)“实验内容(3)”电路图如图 4-4、图 4-5 所示。

(2)“实验内容(3)”连线方法如下：

(ⅰ)8255A 的片选端 CS8255 连到译码控制单元的 CS1；

(ⅱ)8255A 的 PC0,PC1,PC2,PC3,PC4,PC5,PC6,PC7 对应连接到接小键盘的 CM0,CM1,CM2,CM3 及 LN0,LN1,LN2,LN3。

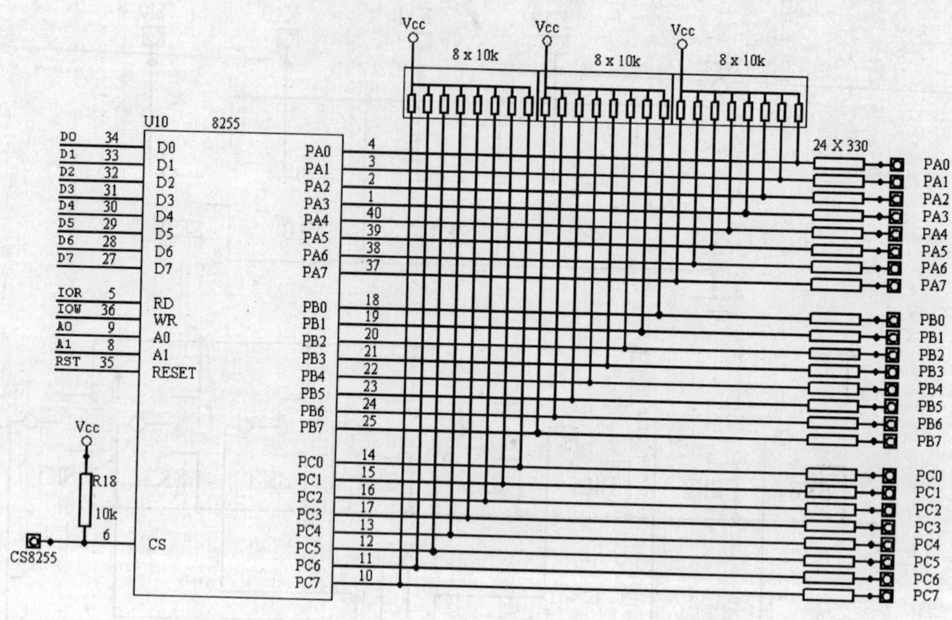

图 4-4 8255 并行接口

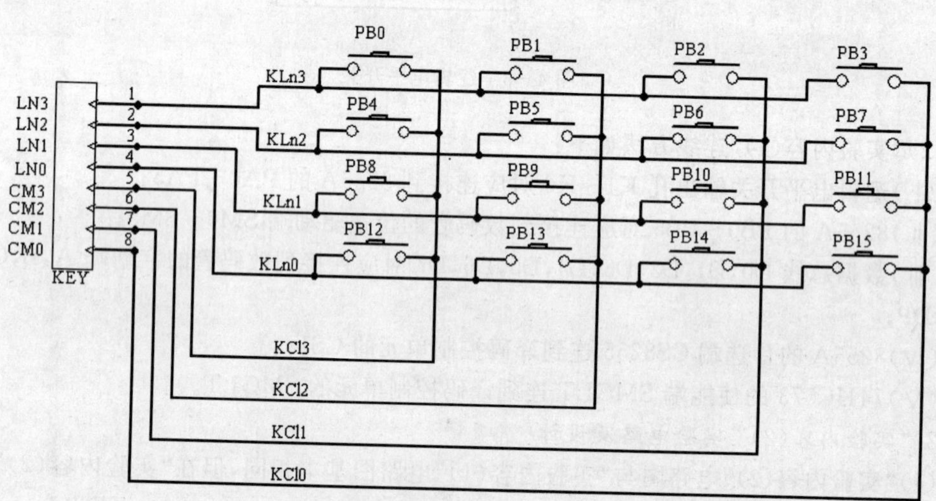

图 4-5 小键盘电路

4. 8255A 的端口地址和 74HC573 的使能地址

8255A 的端口地址：

PA 口：0E200H，PB 口：0E201H，PC 口：0E202H，控制寄存器：0E203H。

74HC573(即 SMGLT 孔)的使能地址：0E220H。

5. 数码管编码表

共阴极数码管编码表如表 4-1 所示。

表 4-1　共阴极数码管编码表

显示符号	编码	显示符号	编码	显示符号	编码	显示符号	编码
0	3FH	1	06H	2	5BH	3	4FH
4	66H	5	6DH	6	7DH	7	07H
8	7FH	9	6FH	A	77H	B	7CH
C	39H	D	5EH	E	79H	F	71H

四、编程提示

1. 8255A 各接口寄存器的定义

8255A 有 4 个可编程的寄存器，分别对应于 PA 口、PB 口、PC 口 3 个并行输入/输出数据端口，还有一个是用来设置 3 个端口工作方式的控制寄存器，用来设置 3 个端口 A,B,C 的工作方式。

2. 接口初始化顺序和各寄存器的编程参考

无论电路中用到哪一个端口，都必须先决定它的工作方式，所以应该先输入控制字到控制寄存器，再读写对应端口的数据寄存器。

(1)控制寄存器的控制字定义。

方式选择控制字：

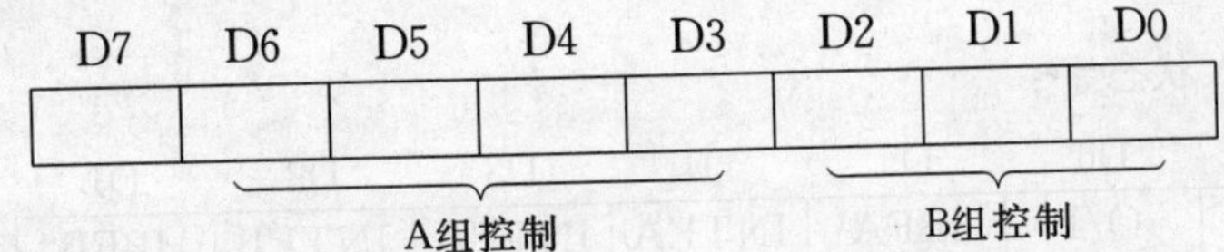

D7＝1　方式选择控制字标志。

$$D6D5=\begin{cases}00 & \text{A 口工作方式为 0。}\\ 01 & \text{A 口工作方式为 1。}\\ 1\times & \text{A 口工作方式为 2。}\end{cases}$$

$$D4=\begin{cases}0 & \text{A 口为输出。}\\ 1 & \text{A 口为输入。}\end{cases}$$

$$D3=\begin{cases}0 & \text{C 口高 4 位为输出(当 A 口工作在方式 0 时)。}\\ 1 & \text{C 口高 4 位为输入(当 A 口工作在方式 0 时)。}\end{cases}$$

$$D2=\begin{cases}0 & \text{B 口工作方式为 0。}\\ 1 & \text{B 口工作方式为 1。}\end{cases}$$

$$D1=\begin{cases}0 & \text{B 口为输出。}\\ 1 & \text{B 口为输入。}\end{cases}$$

$$D0=\begin{cases}0 & \text{C 口低 4 位为输出(当 B 口工作在方式 0 时)。}\\ 1 & \text{C 口高 4 位为输入(当 B 口工作在方式 0 时)。}\end{cases}$$

C 口按位置 1/清 0 控制字：

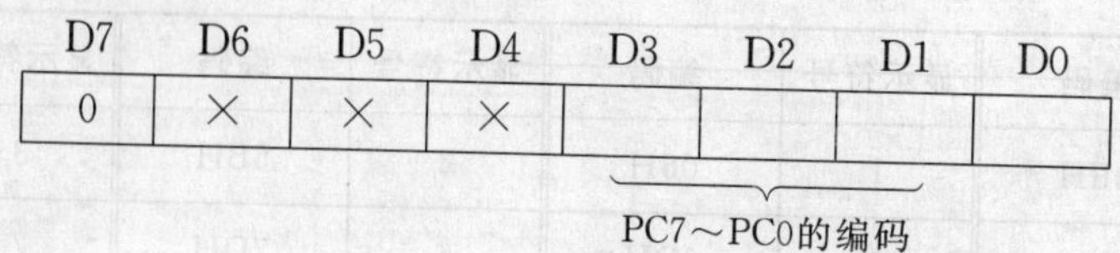

D7＝0　C 口按位置 1/清 0 控制字标志。

D6D5D4　没有编码，可为任意态。

D3D2D1　8 种编码对应 C 口的 PC7～PC0 位，如 D3D2D1 为 000，表示 PC0 位。

D0＝{0　将 D3D2D1 编码所对应的 PCi 位清 0。
　　　1　将 D3D2D1 编码所对应的 PCi 位置 1。

(i＝0,1,2,…,7)

注意：C 口按位操作在 8255A 控制寄存器中进行，位操作只写 8255A 控制寄存器。

方式字的写入：

```
MOV DX,0E203H
MOV AL,1×××××××B
OUT DX,AL
```

C 口置 1/清 0 控制字的写入：

```
MOV DX, 0E203H
MOV AL,0×××××××B
OUT DX,AL
```

(2)状态字。

方式 1 的输入状态字：

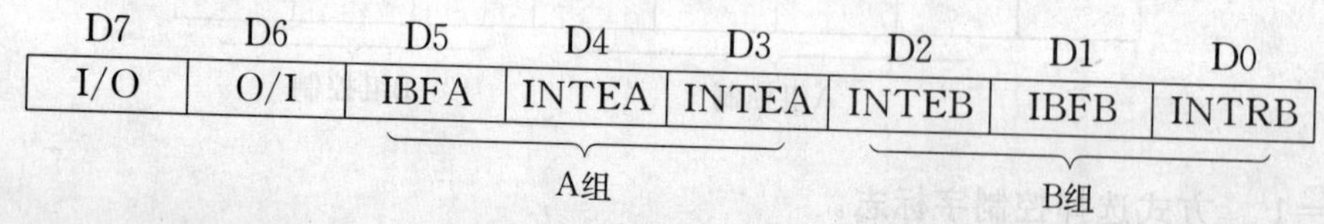

方式 1 的输出状态字：

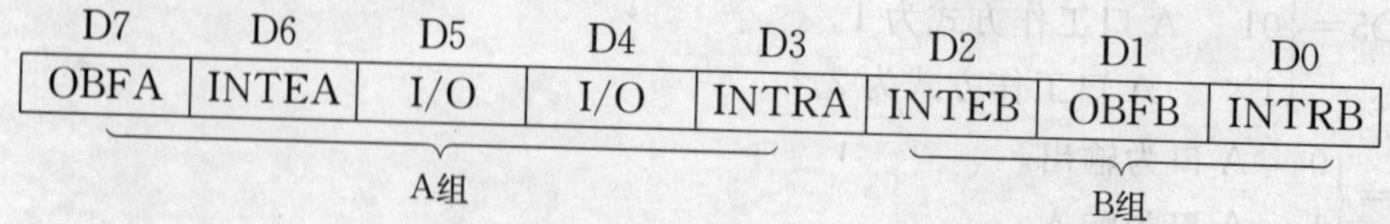

方式 2 的状态字：

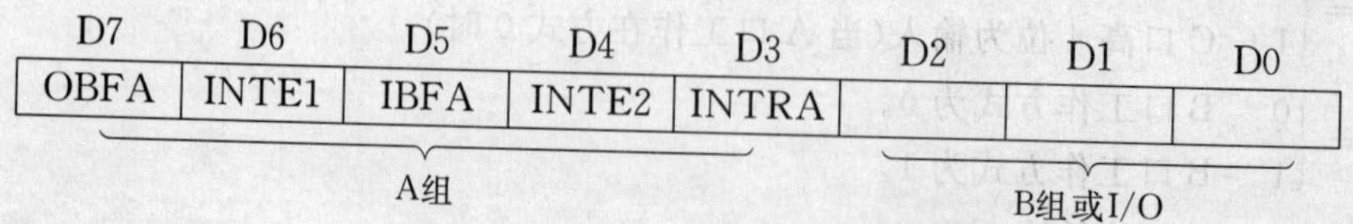

读入状态字：

```
MOV DX, 0E203H
IN AL,DX
```

3. 方式设置编程举例

(1)设 8255A 工作方式为 0,其 A 口为输出,B 口为输入。

初始化 8255A:

```
MOV DX, 0E203H
MOV AL,10000010B
OUT DX,AL
```

读入 B 口的信息,暂放在 AL 寄存器:

```
MOV DX, 0E201H
IN AL, DX
```

把 AL 寄存器的内容的内容经 A 口输出:

```
MOV DX, 0E200H
OUT DX,AL
```

(2)设 8255A 的 A 口作为输出接口,工作方式为 1。

初始化 8255A:

```
MOV DX, 0E203H
MOV AL,10101000B
OUT DX,AL
```

读入 C 口的状态信息,检测 PC7,是否端口缓冲区满 OBFA:

```
      MOV DX,0E202H
ABC1: IN AL,DX
      AND AL,80H
      JZ ABC1
```

再检测 PC4,是否 ACK 为 BUSY:

```
ABC2: IN AL,DX
      AND AL,10H
      JNZ ABC2
```

把 AL 寄存器的内容经 A 口输出:

```
MOV DX, 0E200H
OUT DX,AL
```

五、思考题

(1)8255A 有几种控制寄存器? 8255A 有几种控制字? 如何区分?

(2)8255A 有三个端口,其工作方式可针对各端口分别设置,如果 A 口工作方式设置为方式 1,那么 B 口可选的工作方式有几种? C 口可怎样设计工作方式?

(3)8255A 方式 0 可称为__________的输入/输出方式,不需要"联络"信号,所以 8255A 在此方式下有__________相同的输入/输出端口。

(4)8255A 方式 1 又称为异步或有条件传输,必须先检查状态,然后才能传送数据,此时,仅有__________和__________或工作于方式 1,__________的状态信息由__________提供;__________的状态信息由__________提供。

(5)如果需要用8255A一个端口既作输入，又作输出，方式控制字可设计为__________B，由C口提供的5个控制“联络”信号分别是：__________、__________、__________、__________和__________。

六、实验报告

(1)实验内容及要求；
(2)分析电路工作原理，并画出电路结构示意图；
(3)画出程序框图；
(4)写出程序清单和执行结果；
(5)回答思考题。

4.2 8254 定时/计数器实验

一、实验目的

(1)掌握8254定时/计数器的基本使用方法；
(2)了解8254定时/计数器利用级连扩大计数范围的方法；
(3)了解多I/O芯片协同工作的原理和方法。

二、实验内容

(1)将8254定时器0设置为方式2(分频)，定时器1设置为方式3(方波)，定时器0的CLK0端接1 MHz时钟，定时器0的输出脉冲作为定时器1的时钟输入。将定时器1的输出脉冲接在1个LED灯上或蜂鸣器上。编程使8254工作，观察灯的状态或蜂鸣器声响。

(2)用8254作秒信号源，用8255A控制交通灯的红绿变化，设计一交通灯控制系统，使每10 s切换一次通行方向。

*(3) 用LED灯模拟十字路口四个方向红绿黄交通灯；并用LED数码管显示各方向倒计时时间；设计用小键盘设置或更改各方向管制时间。

三、实验电路及设计

1.“实验内容(1)” 实验电路及设计

(1)“实验内容(1)”电路图如图4-6、图4-7所示。
(2)“实验内容(1)”连线方法如下：
(ⅰ)8254的GATE0，GATE1接高电平；
(ⅱ)8254 T0的CLK0接1MHz时钟孔；
(ⅲ)8254 T1的CLK1接T0的OUT0；
(ⅳ)8254的片选端CS8254连到译码控制单元的CS2；
(ⅴ)8254 T1的OUT1接LED灯L10或蜂鸣器的输入端BJ孔。

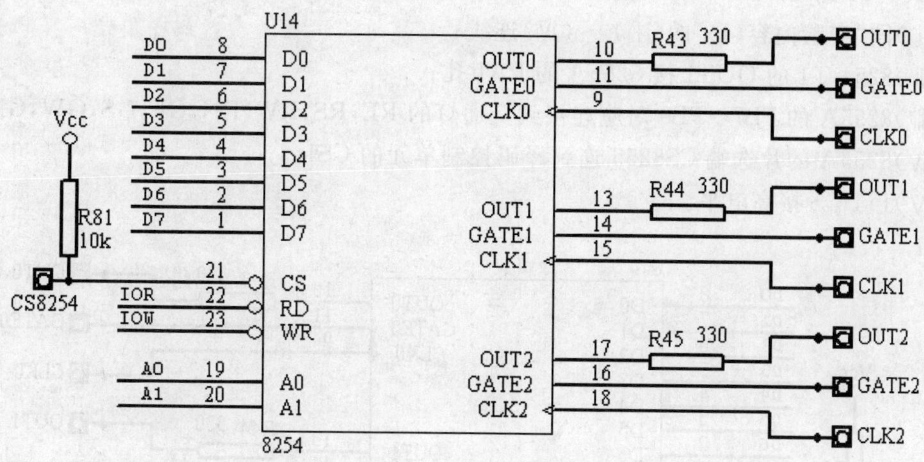

图 4-6 8254 定时/计数器

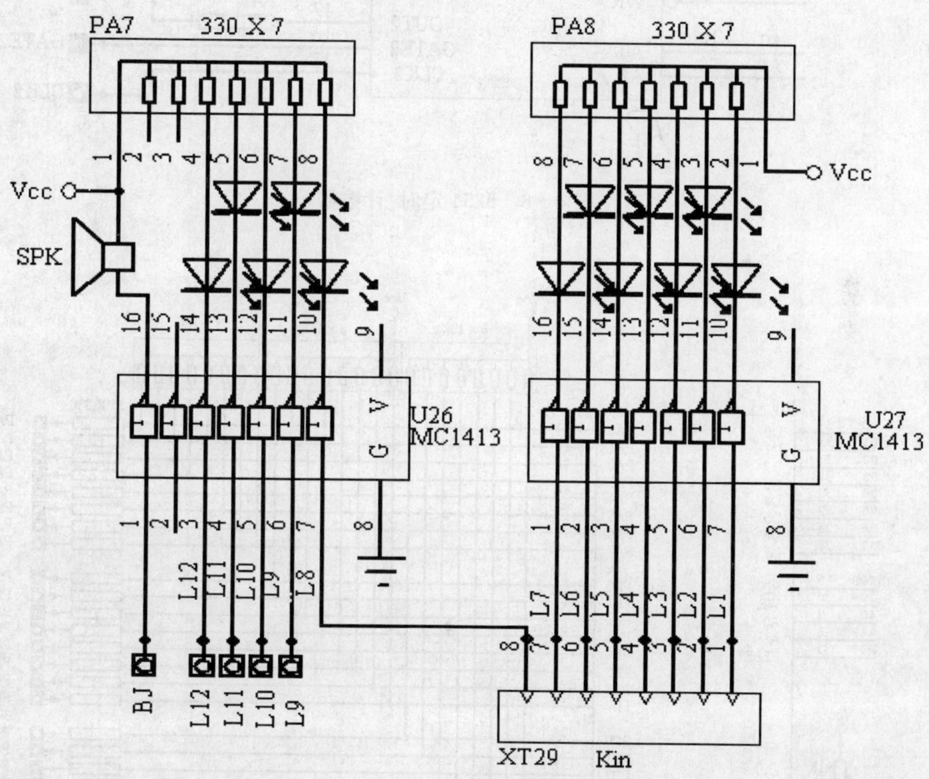

图 4-7 逻辑电平指示

2.“实验内容(2)”实验电路及设计

(1)“实验内容(2)”电路图如图 4-8、图 4-9 和图 4-10 所示。

(2)“实验内容(2)”连线:假设 8255A 的 A 口为输入方式、B 口为输出方式,8255A 的 PA1

连接 8254 T1 的 OUT1，8255A 的 B 口控制交通灯的 8 只 LED 灯。方法如下：

(ⅰ)同“实验内容(1)”的(ⅰ)～(ⅳ)连线；

(ⅱ)8254 T1 的 OUT1 接 8255A 的 PA1 孔；

(ⅲ)8255A 的 PB7～PB0 对应连接到交通灯的 RE，RS，RW，RN，GE，GS，GW，GN 灯；

(ⅳ)8255A 的片选端 CS8255 连到译码控制单元的 CS1。

(ⅴ)JTDCS 接高电平。

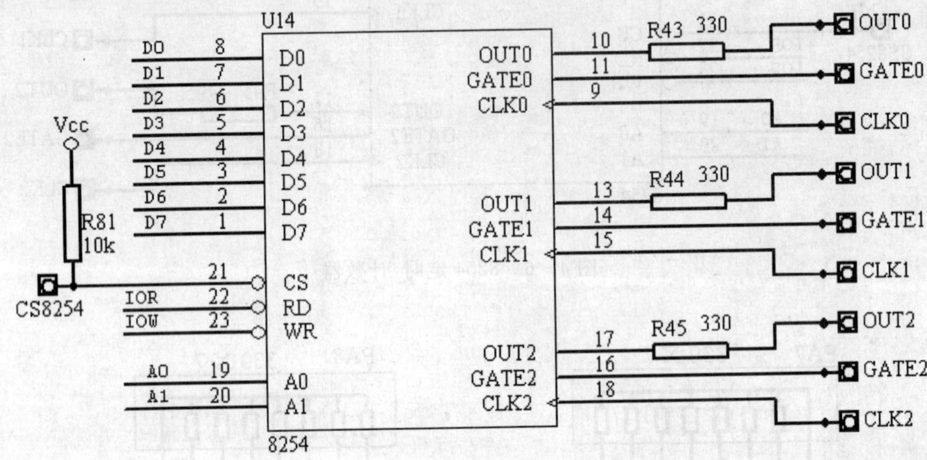

图 4-8　8254 定时/计数器

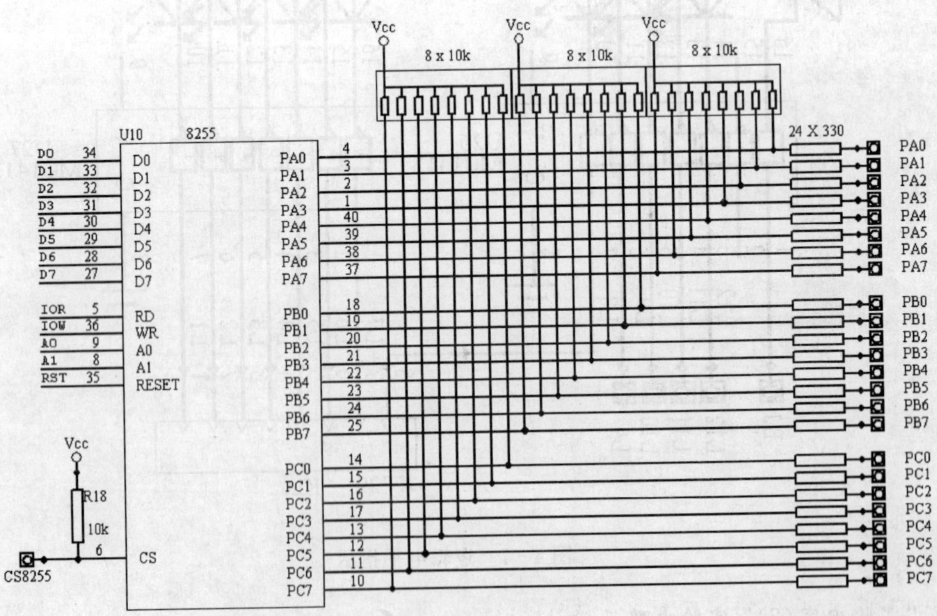

图 4-9　8255 并行接口

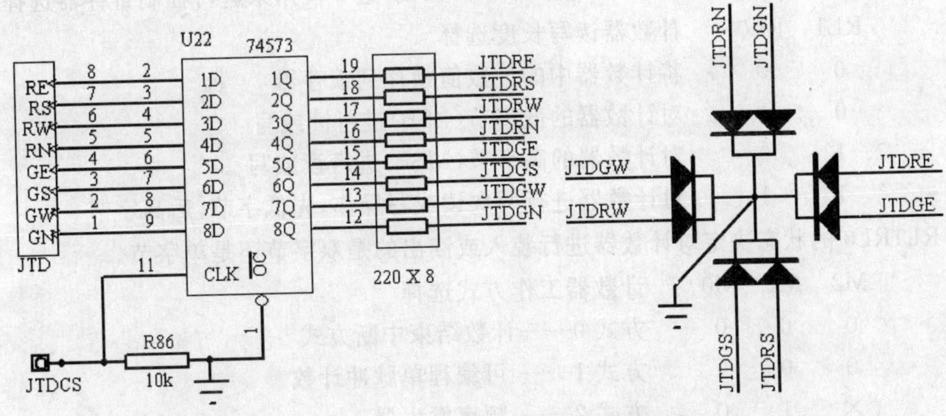

图 4-10　数据锁存器与交通灯

3.“实验内容(3)”实验电路及设计

电路由学生根据实验台提供资源及前面几个实验电路自己进行设计。

4. 8254 和 8255A 的端口地址

8254 的端口地址：

定时器 0 分频系数寄存器　　0E204H，

定时器 1 分频系数寄存器　　0E205H，

控制寄存器　　0E207H。

8255A 的端口地址：

PA 口:0E200H，　PB 口:0E201H，　PC 口:0E202H，　控制寄存器:0E203H。

四、编程提示

1. 定时系数计算

8254 作定时器用时，计数初值即定时系数根据要求定时的时间和时钟脉冲周期换算，即

$$\text{定时系数} = \text{要求定时的时间} \div \text{时钟脉冲周期}$$

将换算得到的计数初值装入计数/定时寄存器，从计数初值开始，时钟脉冲来一个，计数/定时寄存器的内容减一，直减到计数/定时寄存器的内容为 0。

2. 写控制字

对 8254 编程，首先须向其控制字寄存器写入控制字，控制字格式为：

D7	D6	D5	D4	D3	D2	D1	D0
SC1	SC0	RL1	RL0	M2	M1	M0	BCD

各位的含义如下：

SC1	SC0	计数器选择
0	0	计数器 0
0	1	计数器 1
1	0	计数器 2
1	1	无意义

每个计数器都具有相应的控制字寄存器，SC1，SC0 这 2 位用来进行控制寄存器选择。

RL1	RL0	计数器读写长度选择
0	0	将计数器中的计数值锁存到锁存器
0	1	对计数器的低字节(LSB)进行读或写
1	0	对计数器的高字节(MSB)进行读或写
1	1	对计数器进行两次读或写操作，先低字节，后高字节

用 RL1RL0 的状态决定对计数器进行装入或读出的是双字节还是单字节。

M2	M1	M0	计数器工作方式选择
0	0	0	方式 0——计数结束中断方式
0	0	1	方式 1—— 可编程单脉冲计数
×	1	0	方式 2—— 频率发生器
×	1	1	方式 3—— 方波频率发生器
1	0	0	方式 4—— 软件触发选通
1	0	1	方式 5—— 硬件触发选通

BCD	计数器计数方式选择
0	16 位二进制计数
1	4 位二-十进制计数

3. GATE 的功能

GATE 在各种工作方式中的功能见表 4－2。

表 4－2　GATE 在各种工作方式中的功能

工作方式	GATE=0 及下降沿	GATE 上升沿	GATE=1
方式 0(计数结束中断)	停止计数	无意义	允许计数
方式 1(可重触发单稳)	无意义	从初值开始重新计数	无意义
方式 2(n 分频)	停止计数	从初值开始重新计数	允许计数
方式 3(方波发生器)	停止计数	从初值开始重新计数	允许计数
方式 4(软件触发选通)	停止计数	从初值开始重新计数	允许计数
方式 5(硬件触发选通)	无意义	硬件触发信号	无意义

4. 8254 读写操作

(1)写操作。8254 的 3 个计数器是互相独立的，编程也是独立的。写操作有两部分内容：控制字和计数值。3 个计数器的控制字都写到一个端口地址内，而各个计数器的计数值写到各自的端口地址中去。不用的计数器不必设置。

(2)读操作。对于 16 位的计数值，读操作得进行两次：8254 读操作只能读计数值。它是通过读每个计数器的对应的端口地址完成的。如果是 16 位先读低 8 位，后读高 8 位。每个寄存器都有 2 个 8 位的寄存器，分别锁存计数器的高 8 位和低 8 位。

在计数器计数的过程中，对应的输出锁存器是随计数器变化而变化的。而当 8254 接到“计数器锁存命令”时，输出锁存器中的计数值就被锁存，不再随计数器的变化而变化了，直到计数值被读走或计数器重新编程，输出锁存器将自动解除锁存状态，而又随计数器变化而变化了。CPU 可在任何时刻先锁存，再读数，对计数器的计数没有任何影响。

三个计数器的锁存命令分别是 00H，40H，80H。

5. 编程举例

(1)若对 1 号计数器锁存后读数，程序为：

```
        MOV AL,40H
        MOV DX, 0E207H
        OUT DX,AL
        MOV DX, 0E205H
        N AL,DX
        MOV CL,AL                      ;将计数值低 8 位暂存在 CL 中
        IN AL,DX
        MOV AH,AL
        MOV AL,CL                      ;16 位结果在 AX 中
```

读出的计数值在 AX 中。

(2)若要使计数器 0 工作在方式 2，按二进制计数，计数值为 1110H，初始化程序为：

```
        MOV DX, 0E207H
        MOV AL,34H
        OUT DX,AL
        MOV DX, 0E204H
        MOV AL,10H
        OUT DX,AL
        MOV AL,11H
        OUT DX,AL
```

(3)若要使计数器 1 工作在方式 3，按二进制计数，计数值为 1110H，要在计数过程中读取该计数器的计数值，初始化编程为：

```
        MOV AL,01110110B               ;76H
        MOV DX, 0E207H
        OUT DX,AL
        MOV DX, 0E205H
        MOV AL,10H
        OUT DX,AL
        MOV AL,11H
        OUT DX,AL
        MOV BH,20H
  WAIT: DEC BH
        CMP BH,0
        JNZ WAIT
        MOV DX, 0E207H
        MOV AL,40H
```

```
OUT DX,AL
MOV DX, 0E205H
IN AL,DX
MOV CL,AL
IN AL,DX
MOV AH,AL
MOV AL,CL
```

读出的计数值在 AX 中。

五、思考题

(1)若 8254 处于计数过程中,当 CPU 对它装入新的计数初值时,其结果将是(　　)。

(A)8254 禁止编程

(B)8254 允许编程,并改变当前的计数过程

(C)8254 允许编程,但不改变当前的计数过程

(D)8254 允许编程,是否影响当前计数过程随工作方式而变

(2)当 8254 工作于方式 0 时,在初始化编程时,一旦写入控制字后,(　　)。

(A)输出信号端 OUT 变为高电平

(B)输出信号端 OUT 变为低电平

(C)输出信号保持原来的电位值

(D)立即开始计数

(3)某一测控系统要使用一个连续的方波信号,如果使用 8254 来实现此功能,则 8254 应工作在(　　)。

(A)方式 0　　(B)方式 1

(C)方式 2　　(D)方式 3

(E)方式 4　　(F)方式 5

(4)当 8254 工作在(　　)下时,需要由外部脉冲触发开始计数。

(A)方式 0　　(B)方式 1

(C)方式 2　　(D)方式 3

(E)方式 4　　(F)方式 5

(5)某一测控系统要用一脉冲信号产生一单稳信号,如果使用 8254 来实现此功能,则 8254 应工作在(　　)。

(A)方式 0　　(B)方式 1

(C)方式 2　　(D)方式 3

(E)方式 4　　(F)方式 5

六、实验报告

(1)实验内容及要求;

(2)分析电路工作原理,并画出电路示意图;

(3)画出程序框图;

(4)写出程序清单和执行结果；

(5)回答思考题。

4.3　串行通信接口技术实验

一、实验目的

学习使用串行异步通信方法，理解串行异步通信原理。

二、实验内容

(1)使用实验台上的串行口 8250 和 PC 机的 COM1 按 RS232 标准进行异步通信。PC 机先向 8250 送一个字符的 ASCII 码，再把该字符从 8250 传到 PC 机。编写程序，完成字符串"ABCDEFG12345"的传输，并要求 PC 机将接收结果显示在屏幕上。

*(2)学习串行通信原理，制作 RS232 通信电缆，设计并编写串口初始化程序和双机通信程序。

三、实验电路及设计

1."实验内容(1)"实验电路及设计

(1)"实验内容(1)"电路图如图 4-11 所示。

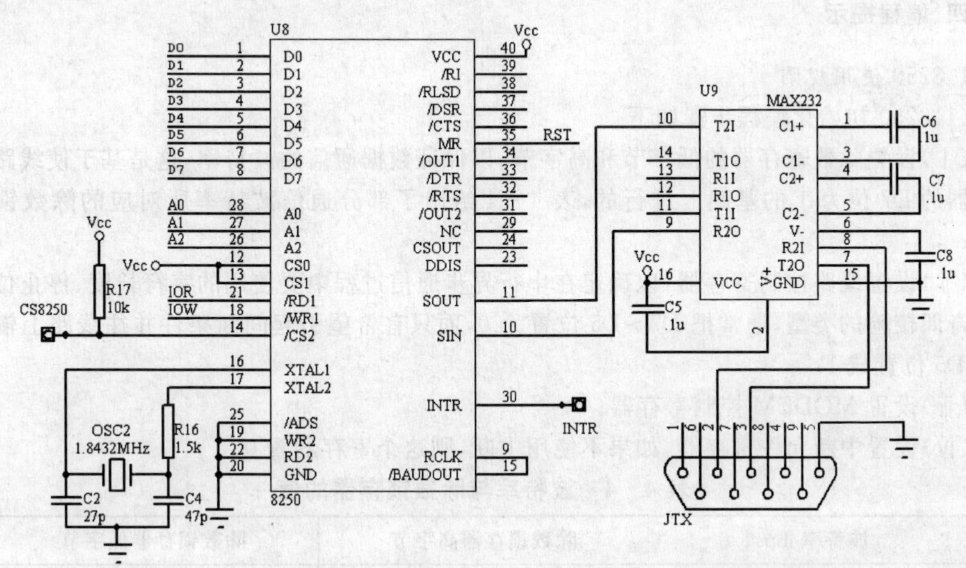

图 4-11　8250 串行通信

(2)"实验内容(1)"连线方法如下：

(ⅰ)CS8250 连到译码控制单元的 CS5；

(ⅱ)串行接口单元的九线插座 JTX 通过专用电缆与 PC 机的 COM1 接口相连。

2."实验内容(2)"实验电路及设计

制作 RS232 通信电缆,用通信电缆把两台 PC 机的 COM1 接口相连。本实验不使用实验台。

3. 8250 的端口地址

8250 的端口地址分配见表 4-3。

表 4-3　8250 地址分配表(CS8250 连接译码控制单元的 CS5)

偏移量	COM1/COM2 地址	8250 地址	所选寄存器
0	3F8/2F8	0E210H	发送缓冲器
0	3F8/2F8	0E210H	接收缓冲器
0	3F8/2F8	0E210H	除数锁存器(低字节)
1	3F9/2F9	0E211H	除数锁存器(高字节)
1	3F9/2F9	0E211H	中断允许寄存器
2	3FA/2FA	0E212H	中断标志寄存器
3	3FB/2FB	0E213H	线路控制寄存器
4	3FC/2FC	0E214H	MODEM 控制寄存器
5	3FD/2FD	0E215H	线路状态寄存器
6	3FE/2FE	0E216H	MODEM 状态寄存器

四、编程提示

1. 8250 使用规则

(1)8250 初始化编程步骤如下:

(ⅰ)设置除数寄存器的低字节和高字节,以保证数据通信的波特率,这是基于使线路控制寄存器的 D7 位为 1 的基础上进行的,表 4-4 给出了部分通信波特率所对应的除数锁存器的值;

(ⅱ)设置线路控制寄存器,以确定在串行异步通信过程中要使用的字符长度、停止位的位数和奇偶校验的类型,通常把 D7～D5 位置为 0,而只有希望引起间断条件并往线路上输出时才把 D5 位置成 1;

(ⅲ)设置 MODEM 控制寄存器;

(ⅳ)设置中断允许寄存器,如果不使用中断,则这个寄存器置 0。

表 4-4　波特率与除数锁存器的值

波特率/bps	除数锁存器高字节	除数锁存器低字节
150	03H	00H
1 200	00H	60H
2 400	00H	30H
9 600	00H	0CH

(2)8250 地址的分配。PC 机中用于串行通信的 I/O 端口组成一个系列,对于 COM1,从 3F8H 开始到 3FEH 结束;COM2,则从 2F8H 开始,到 2FEH 结束。实验台上的 8250 从 0E210H 开始,到 0E217H 结束(当 CS8250 与 CS5 相连时)。表 4-3 给出了 COM1,COM2 和实验台上的 8250 寄存器的 I/O 地址。

(3)寄存器的说明。通过访问或控制串行异步通信适配器中的寄存器,来控制 8250 的操作以及发送和接收数据。

(ⅰ)通过写一个值到线路控制寄存器,可以规定串行异步通信的格式,或取回线路控制寄存器的内容供检查使用,线路控制寄存器中位的定义见表 4-5。

表 4-5 线路控制寄存器

位	意义		
D0	字符长度(低位)	D1D0=00	5 位数据位
		D1D0=01	6 位数据位
D1	字符长度(高位)	D1D0=10	7 位数据位
		D1D0=11	8 位数据位
D2	停止位	D2=0	1 位停止位
		D2=1	1.5 位停止位(数据位为 5 位时)
		D2=1	2 位停止位(数据位为 6,7,8 位时)
D3	奇偶校验允许位	D3=0	不生成奇偶位
		D3=1	生成奇偶位
D4	奇偶性选择	D4=0	奇校验
		D4=1	偶校验
D5	奇偶位固定		一般设为 0
D6	断开		一般设为 0
D7	除数锁存器访问位	D7=0	寻址线路控制寄存器
		D7=1	寻址除数寄存器

(ⅱ)线路状态寄存器的内容如表 4-6 所示,若相应的位为 1,则对应的状态存在。

表 4-6 线路状态寄存器

位	置位时的意义	位	置位时的意义
D0	接受缓冲器准备好	D4	间断中断
D1	超限错误	D5	发送缓冲器空
D2	奇偶错误	D6	发送移位寄存器空
D3	帧格式错误	D7	0

(ⅲ)可编程波特率发生器能接收 1.843 2 MHz 的时钟输入,对其除以 1～65 536 之间的任意值(除数),其输出频率为 16 倍波特率,即

$$除数=1.843\,2\times10^{6}\div(16\times波特率)。$$

2 个 8 位的除数锁存器存放二进制除数,为了确保波特率发生器按要求工作,除数锁存器必须在初始化期间装好。

(ⅳ)中断允许寄存器的内容如表 4－7,它允许或禁止数据通信中的 4 个不同类型的中断。若相应的位为 1,则表示允许对应的中断,否则禁止对应的中断。中断识别寄存器的内容如表 4－8,通过读它的内容来判断所引起的中断类型。

表 4－7 中断允许寄存器

位	置位时的意义
D0	允许接受缓冲器数据准备好中断(优先级第二)
D1	允许发送缓冲器空闲中断(优先级第三)
D2	允许接受字符错误或接受间断条件中断(优先级第一)
D3	允许改变 MODEM 状态中断(优先级第四)
D4,D5,D6,D7	强迫为 0

表 4－8 中断识别寄存器

<table>
<tr><th>位</th><th colspan="2">意　义</th></tr>
<tr><td rowspan="2">D0</td><td>D0＝0</td><td>没有中断悬而未解</td></tr>
<tr><td>D0＝1</td><td>有中断悬而未解</td></tr>
<tr><td rowspan="2">D1</td><td>D2D1＝00</td><td>MODEM 状态变化</td></tr>
<tr><td>D2D1＝01</td><td>发送缓冲器空闲</td></tr>
<tr><td rowspan="2">D2</td><td>D2D1＝10</td><td>接受缓冲器数据准备好</td></tr>
<tr><td>D2D1＝11</td><td>接受字符错误或接受间断条件</td></tr>
<tr><td>D3,D4,D5,D6,D7</td><td colspan="2">强迫为 0</td></tr>
</table>

(ⅴ)MODEM 控制寄存器是控制与 MODEM 或数传机的接口,它的内容如表 4－9 所示。一般的,这个控制寄存器应设置为 03H,即使没有 MODEM,这样做也无妨。如果使用中断,则 OUT2 位必须置 1。通常,D4 应该置 0,但是如果置 1,则表示串行输出被循环到串行输入级,这样可以用来测试 8250 工作是否正确。

表 4-9　MODEM 控制寄存器

位	意　义
D0	1 = 实际的数据终端准备就绪 MODEM 信号
D1	1 = 实际的请求发送 MODEM 信号
D2	OUT1 辅助的用户设计输出
D3	OUT2 辅助的用户设计输出
D4	1 = 循回工作
D5,D6,D7	强迫为 0

(ⅵ)MODEM 状态寄存器提供了从 MODEM 或外部设备到 CPU 的控制线路当前状态，同时还提供了 4 位变化信息，它的内容见表 4-10。每当来自 MODEM 的控制输入改变状态时，相应的位被置 1。如表所示，当位置 1 时为相应的状态。

表 4-10　MODEM 状态寄存器

位	置位时的意义
D0	“允许发送”线已变化
D1	“数据机准备好” 线已变化
D2	后沿振铃指示器：RI 已由 ON 变为 OFF
D3	“接收线路信号检测”已变化
D4	“允许发送” 输入为高
D5	“数据机准备好” 输入为高
D6	“振铃指示器” 为高
D7	“接收线路信号检测” 为高

2. 编程举例

(1)主机常用的串行接口有两个，分别为 COM1 和 COM2。BIOS 分配给异步通信端口各有一套端口地址，COM1 和 COM2 的端口地址分别是 3F8H～3FFH 和 2F8H～2FFH。若要求主机的 COM1 与实验台的 8250 以波特率 2 400 bps 进行异步通信，每帧含 7 个数据位、1 个停止位、1 个偶校验位，不使用中断方式。则主机方面的初始化程序如下：

```
    MOV DX,3FBH          ;从线路控制寄存器寻址除数寄存器
    MOV AL,80H           ;线路控制寄存器中除数锁存器访问位
    OUT DX,AL
    MOV DX,3F8H          ;送低字节除数锁存器内容
```

```
        MOV AL,30H              ; 2 400 bps 的 LSB
        OUT DX,AL
        MOV DX,3F9H             ;送高字节除数锁存器内容
        MOV AL,00H              ; 2 400 bps 的 MSB
        OUT DX,AL
        MOV DX,3FBH             ;写线路控制寄存器有关位
        MOV AL,1AH              ;7 个数据位、1 个停止位、1 个偶校验
        OUT DX,AL
        MOV DX,3FCH             ; 设置 MODEM 控制寄存器
        MOV AL,03H
        OUT DX,AL
        MOV DX,3F9H             ; 屏蔽所有的通信中断
        MOV AL,00H
        OUT DX,AL
```

(2)从实验台的 8250 接收一个字符,放入[DI] 中:

```
        COM5 EQU 0E210H
             ...
        MOV DX,COM5+5           ;线路状态寄存器
RCV_WAIT:IN AL,DX
        TEST AL,01H
        JE RCV_WAIT             ;判断接收缓冲器是否满,不满则等待
        MOV DX,COM5             ;从接收缓冲器读数据
        IN AL,DX
        MOV [DI],AL
        RET
```

(3)从实验台上 8250 发送一个字符,待发送的数据在[SI]中:

```
        COM5 EQU 0E210H
        MOV DX,COM5+5
SEND_WAIT: IN AL,DX
        TEST AL, 20H
        JE SEND_WAIT            ;判断发送缓冲器是否空,不空则等待
        MOV DX, COM5
        MOV AL, [SI]
        OUT DX,AL
        RET
```

五、思考题

(1)在 RS-232C 标准中允许信号的最高传送速度是________,连接电缆的最大长度是________。

(2)8520 工作在异步方式时,每个字符的数据位长度分别为________。

(3)如果 8250 设置为异步通信方式,波特率为 9 600 bps,字符数据长度为 8,1 位停止位,采用偶校验,则 8250 的方式控制字、除数锁存器的高字节和低字节分别为________、________和________。

(4)在异步串行通信中,使用波特率来表示数据的传送速率,它是指________。

(A)每秒钟传送的字符数　(B)每秒钟传送的字节数

(C)每秒钟传送的二进制位数　(D)每分钟传送的字节数

(5)在 RS-232C 标准中规定的标准连接器是________。

(A)DB-25　(B)DB-15

(C)DB-9　(D)根据需要选定

(6)8520 可以工作在________。

(A)同步方式　(B)异步方式

(C)全双工方式　(D)半双工方式

六、实验报告

(1)实验内容及要求;

(2)分析电路工作原理,并画出电路示意图;

(3)画出程序框图;

(4)写出程序清单和执行结果;

(5)回答思考题。

4.4　A/D 转换实验

一、实验目的

学习 A/D 转换器使用方法,理解 A/D 转换原理。

二、实验内容

(1)给 A/D 转换器输入一可调节的电压信号,假设该输入信号为一水塔的水位高度信号,请结合应用 8255A 接口芯片,编程完成以下功能:当水位低于 PL 时开报警,并打开水泵(点亮一指示灯);水位在 PL～PH 之间时关闭报警;水位高于 PH 时开报警,并关闭水泵(指示灯熄灭)。设 PH=0B4H (约 3.5V),PL=66H (约 2.0V)。

*(2) 用 A/D 转换器对电压信号 Vdc 连续采集 4 次,求出均值,放入指定单元,并把采集均值转换为电压,通过 8255 在数码管上显示出来。

三、实验电路及设计

1."实验内容(1)" 实验电路及设计

(1)"实验内容(1)"电路图如图 4-12、图 4-13、图 4-14 所示。

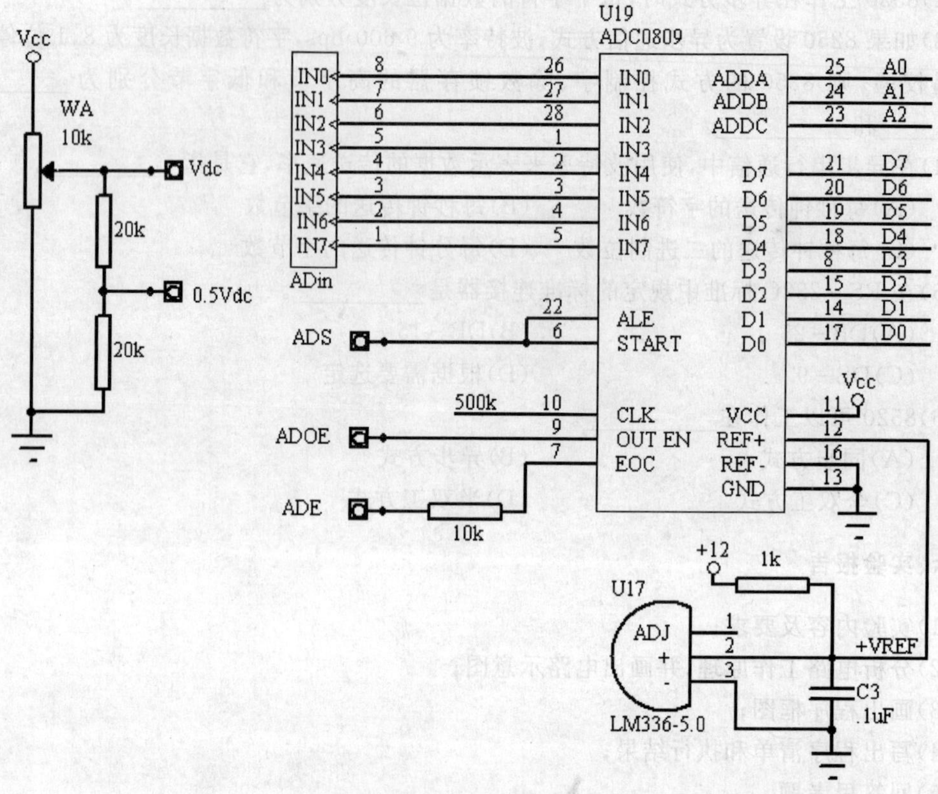

图 4－12 ADC0809 转换器

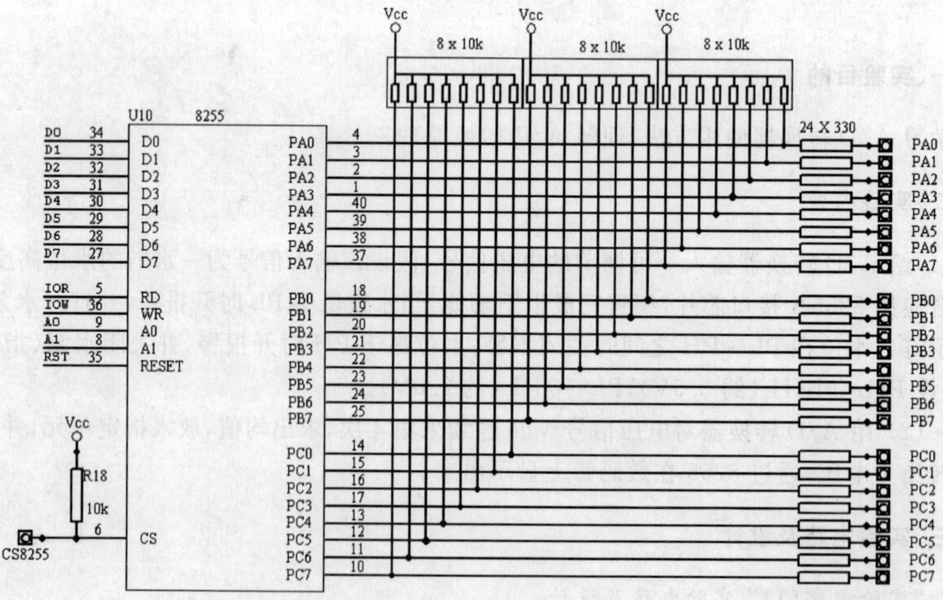

图 4－13 8255 并行接口

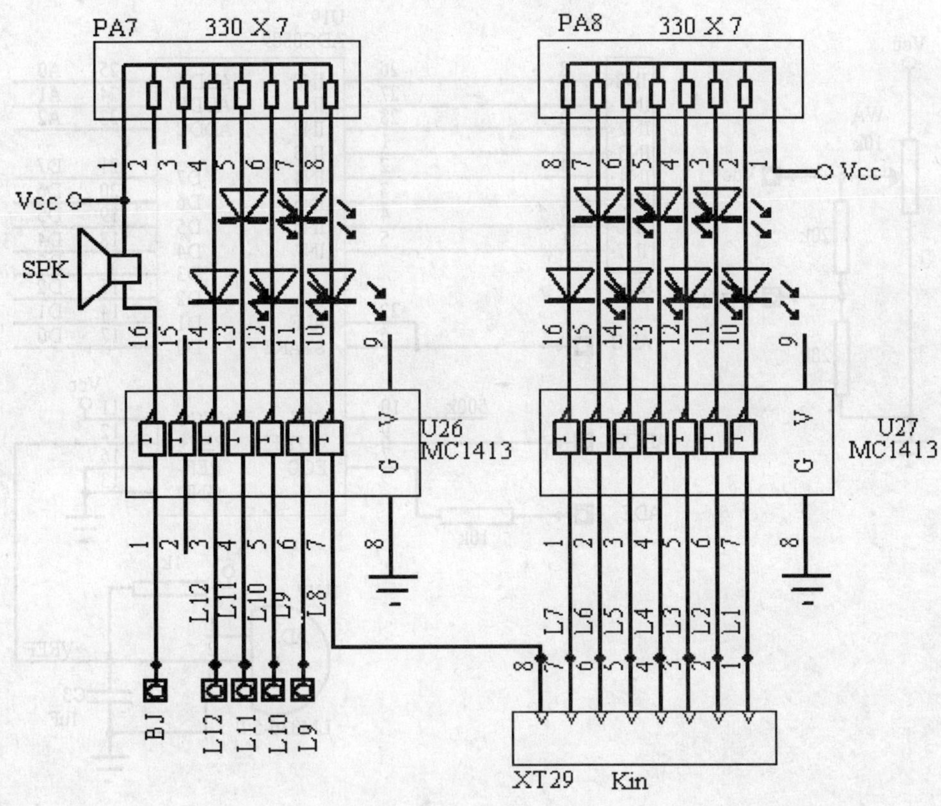

图 4-14 逻辑电平指示

(2)“实验内容(1)”连线:假设 8255A 的 A 口为输出方式,8255A 的 PA6 控制一 LED 灯(表示水泵开或关),8255A 的 PA7 控制报警蜂鸣器。方法如下:

(ⅰ)A/D 转换单元的 ADS 连接译码控制单元的 AD_S;

(ⅱ)A/D 转换单元的 ADOE 连接译码控制单元的 AD_OE;

(ⅲ)A/D 转换器的 IN0 输入端连接到直流电压单元的 Vdc 孔。直流电压单元的旋钮 WA 顺时针旋转 Vdc 输出增大,逆时针旋转减小;

(ⅳ) 8255A 的片选端 CS8255 连到译码控制单元的 CS1;

(ⅴ)8255A 的 PA6 连接到逻辑电平指示单元的 L11 孔;

(ⅵ)8255A 的 PA7 连接到逻辑电平指示单元的 BJ 孔。

2.“实验内容(2)” 实验电路及设计

(1)“实验内容(2)”电路图如图 4-15、图 4-16、图 4-17 所示。

(2)“实验内容(2)”连线:假设 8255A 的 A 口、B 口均为输出方式,8255A 的 A 口连接数码管的字划端,8255A 的 B 口连接数码管的位选端。方法如下:

(ⅰ)连线同“实验内容(1)”的(ⅰ)~(ⅳ);

(ⅱ)8255A 的 PA7~PA0 对应连接到数码管的字划端 DP,G,F,E,D,C,B,A;

(ⅲ)8255A 的 PB2~PB0 对应连接到数码管的位选端 SM2~SM0。

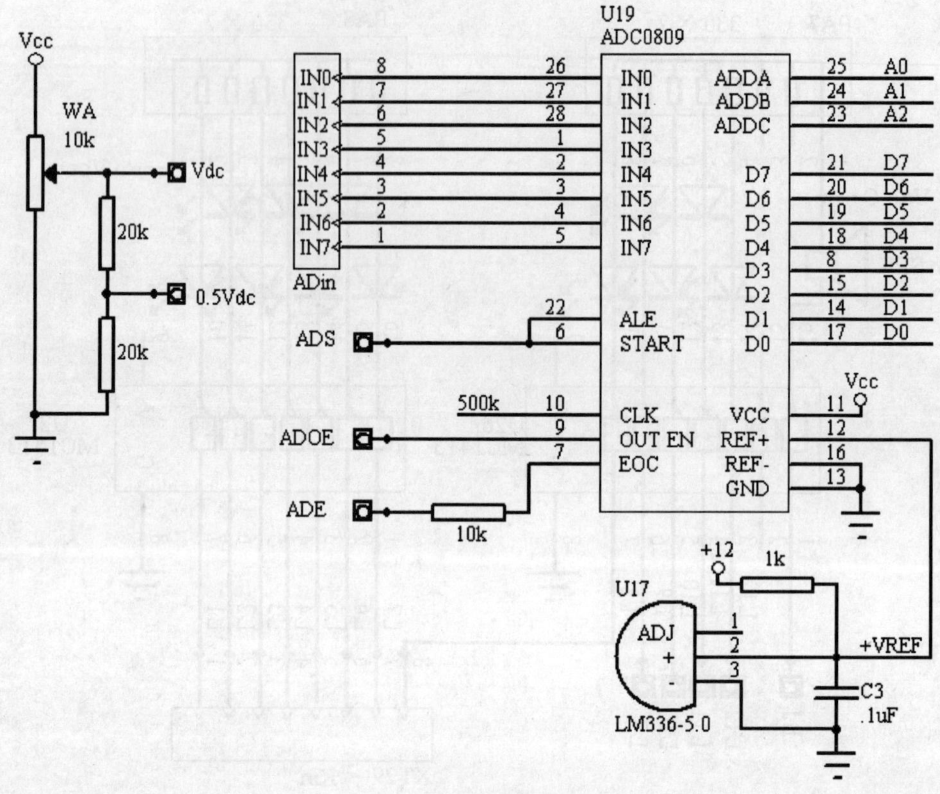

图 4－15　ADC0809 转换器

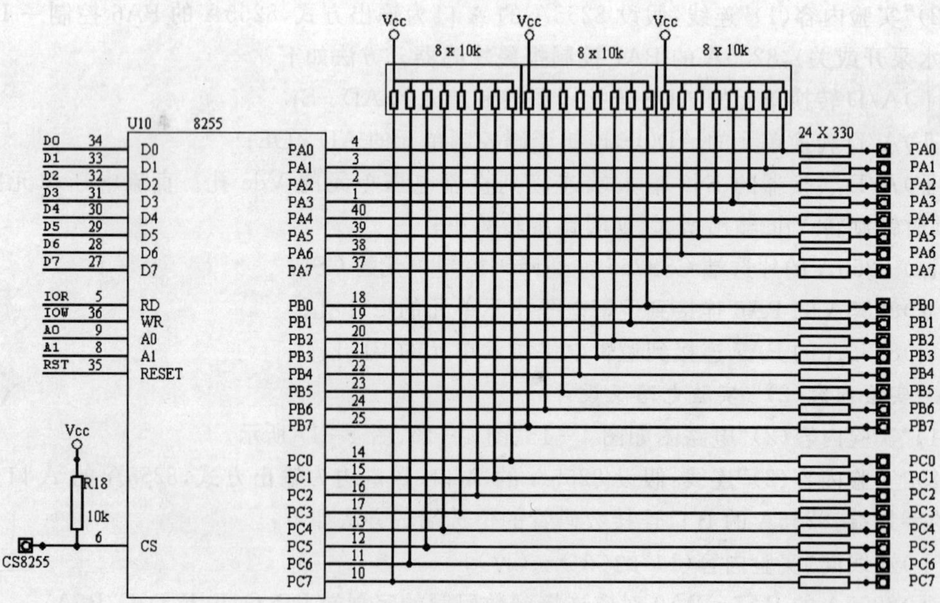

图 4－16　8255 并行接口

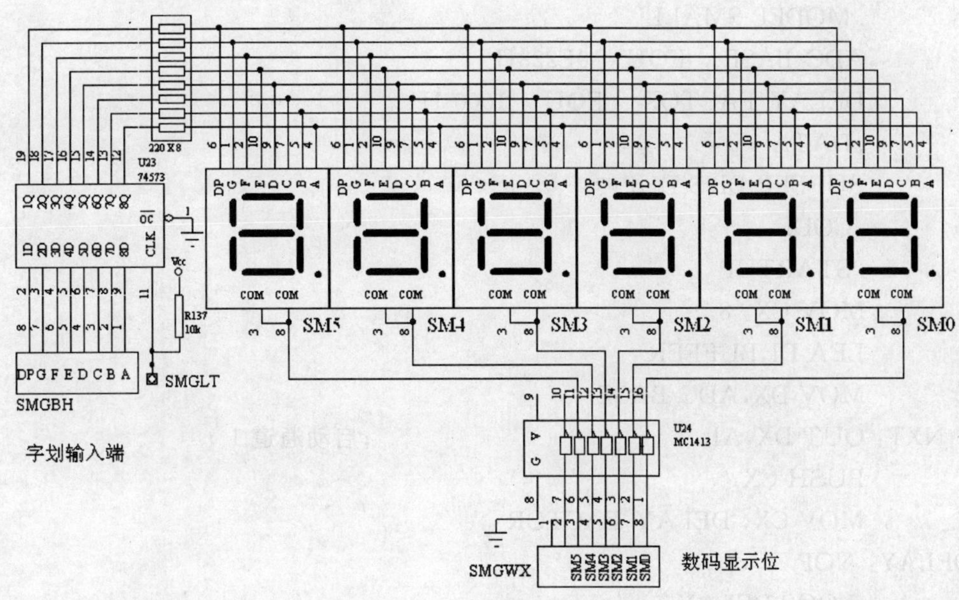

图4-17 显示单元

3. ADC0809和8255A的端口地址

ADC0809的端口地址：

通道选择及启动转换：0E228H ～ 0E22FH， 读结果：0E228H ～ 0E22FH。

8255A的端口地址：

PA口：0E200H， PB口：0E201H， PC口：0E202H， 控制寄存器：0E203H。

4. 数码管编码表

共阴极数码管编码如表4-1所示。

四、编程提示

1. A/D转换器分类

A/D转换器大致有四类：一是双积分A/D转换器，优点是精度高，抗干扰性好，价格便宜，但速度慢；二是逐次逼近式A/D转换器，精度、速度、价格适中；三是并行比较A/D转换器，速度快，价格也昂贵；四是电压频率式。ADC0809属于逐次逼近式A/D转换器。

2. 转换完成判断方法

对于A/D转换，在判断转换完成时，可采用软件延时等待、查询或中断的方法。软件延时等待、查询占用CPU的工作时间，中断方式则不多占。如果采用软件延时方式，延时要足够，以便读到正确的转换结果。

3. ADC0809编程举例

ADC0809是多通道8位CMOS A/D转换器。芯片内部设置了多路模拟开关、通道地址译码锁存电路等，能对多路模拟信号进行分时采集与转换。

```
        .MODEL SMALL
        ADC_BASE    EQU    0E228H
        DELAY_FACTOR    EQU    1000 H
        .DATA
        BUFFER DB 8 DUP(?)
        .CODE
        .STARTUP
        MOV CX, 8
        LEA DI,BUFFER
        MOV DX,ADC_BASE
NXT:    OUT DX,AL                               ;启动通道1
        PUSH CX
        MOV CX, DELAY_FACTOR
DELAY:  NOP
        LOOP DELAY
        POP CX
        IN AL,DX                                ;读采样值
        MOV [DI],AL                             ;保存采样结果
        INC DX                                  ;指向下一个通道
        INC DI
        LOOP NXT
        .EXIT
        END
```

4. A/D 转换采集数据换算为物理量的说明

A/D 转换得到的数据为与 A/D 转换器位数对应的 16 进制的数字量，人们通常希望看到的是采集对象的物理量值，对于单极性 A/D 转换器常用下式进行换算：

$$物理量 = K \times 采集结果 \div 转换器位数对应的最大值$$

其中，K 为转换器最大模拟量量程。

用 ADC0809 采集电压，换算关系为：

$$电压 = 5.0 \times 采集结果 \div FFH \quad (V)$$

可看出，上式涉及浮点运算。为了简便，换算时可用下面的近似式：

$$电压 = 2 \times 采集结果转换的 BCD 码 \quad (10\ mV)$$

五、思考题

(1)在逐次逼近式 A/D 转换器中，影响其转换精度的主要因素是(　　)。

(A)A/D 的位数　　(B)输入模拟量的大小

(C)D/A 转换电路　　(D)比较器

(2)从转换工作原理上看，(　　)的 A/D 转换器对输入模拟信号中的干扰抑制能力较强。

(A)逐次逼近式　　(B)双积分式

(C)并行比较式　　(D)电压频率式

(3)某一测控系统要求模拟信号的转换分辨率必须达到 1‰,则选用 A/D 转换器的位数至少是(　　)。

(A)4 位　　(B)8 位

(C)10 位　　(D)12 位

(4)使用 A/D 转换器对一个频率为 4 kHz 的正弦波信号进行转换,要求在一个信号周期内采样 5 个点,则选用 A/D 转换器的转换时间最大为(　　)。

(A)1 ms　　(B)100 μs

(C)10 μs　　(D)50 μs

(5)当 A/D 转换器与 CPU 连接时,如果 CPU 采用等待法与 A/D 转换器保持同步,CPU 进入等待周期(WAIT)吗?(　　),或者通过采样 A/D 转换器的信号(　　)决定。

(A)START　　(B)OE

(C)DB　　(D)EOC

(6)系统设计中,根据什么选定 A/D 转换器采样频率?

(7)有几种方法解决 A/D 转换器和微处理器接口中的时间配合问题?各有何特点?各适应于何种情况?

六、实验报告

(1)实验内容及要求;

(2)分析电路工作原理,并画出电路结构示意图;

(3)画出程序框图;

(4)写出程序清单;

(5)写出程序运行结果;

(6)回答思考题。

4.5 D/A 转换实验

一、实验目的

(1)学习 D/A 转换器使用方法,理解 D/A 转换原理。

(2)实践多 I/O 芯片协同工作方法。

二、实验内容

(1)用 D/A 转换器的输出控制电动机转动,通过改变 D/A 转换器的输出电压调节电动机的转速。

*(2) 电动机调速及测控:在上题的基础上增加用 8254 测量电动机转速,并通过 8255 和数码管显示电动机转速。

*(3) 冷热箱控制:设计制作温控系统,实现功能:测温、控温、温度设置、温度显示及超限

报警等。

三、实验电路及及设计

1. “实验内容(1)” 实验电路及设计

(1)“实验内容(1)”电路图如图 4－18、图 4－19 所示。

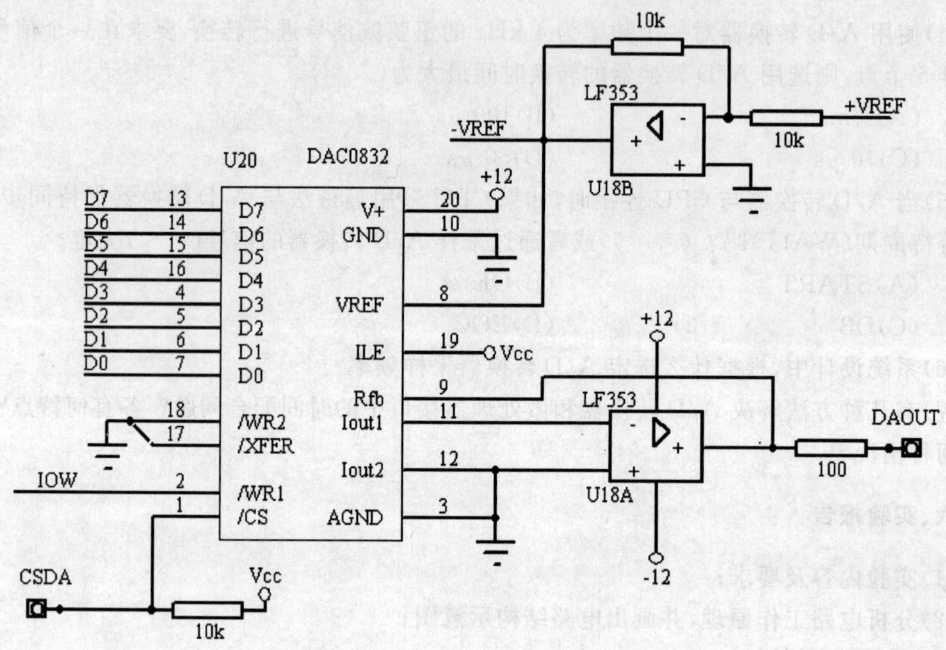

图 4－18　DAC 0832 转换器

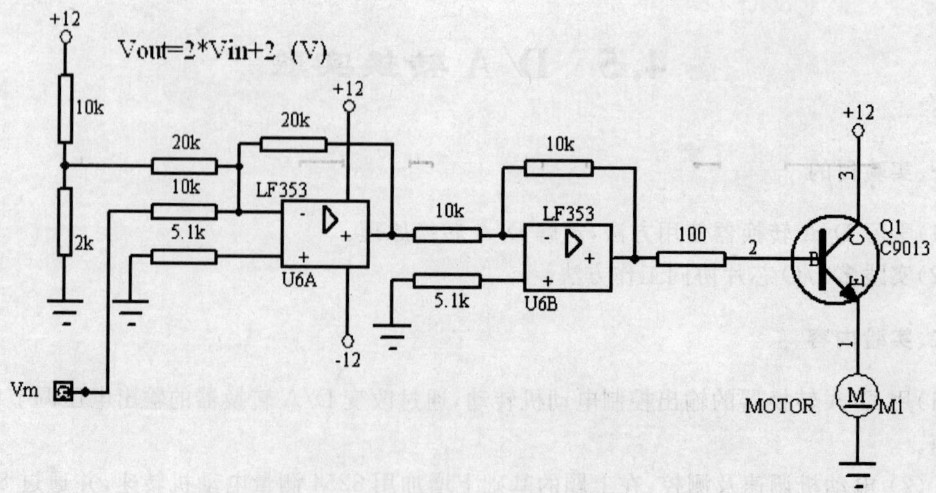

图 4－19　直流电动机驱动电路

(2)“实验内容(1)”连线方法如下：

(ⅰ)D/A 转换器的片选端 CS_DA 连接到译码控制单元的 CS3；

(ⅱ)D/A 转换器的输出 DAOUT 连接到电动机单元的输入端 Vm。

2.“实验内容(2)”实验电路及设计

(1)“实验内容(2)”电路图如图 4-20、图 4-21、图 4-22、图 4-23、图 4-24、图 4-25 所示。

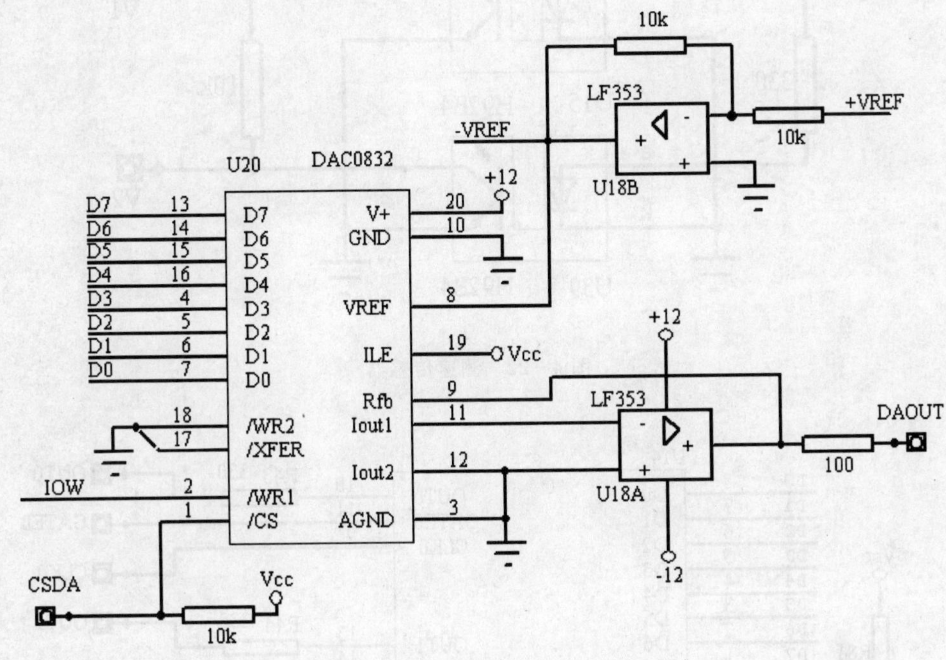

图 4-20　DAC 0832 转换器

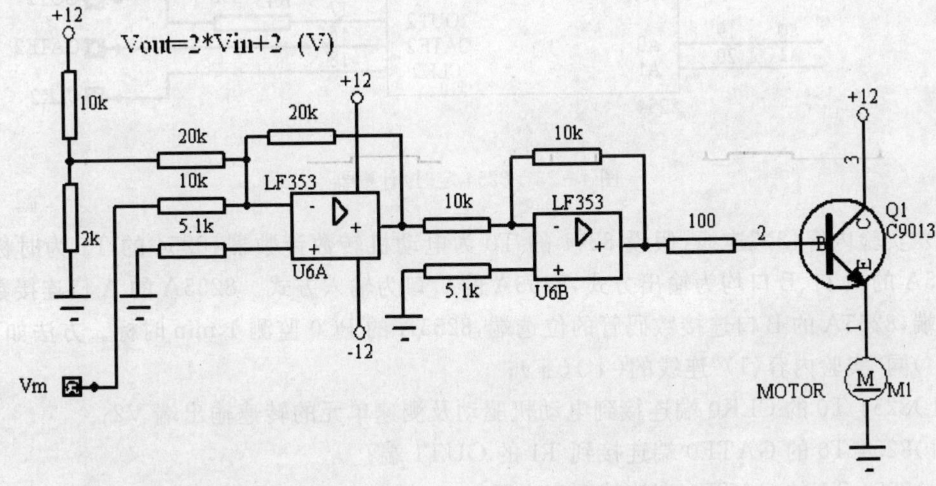

图 4-21　直流电动机驱动电路

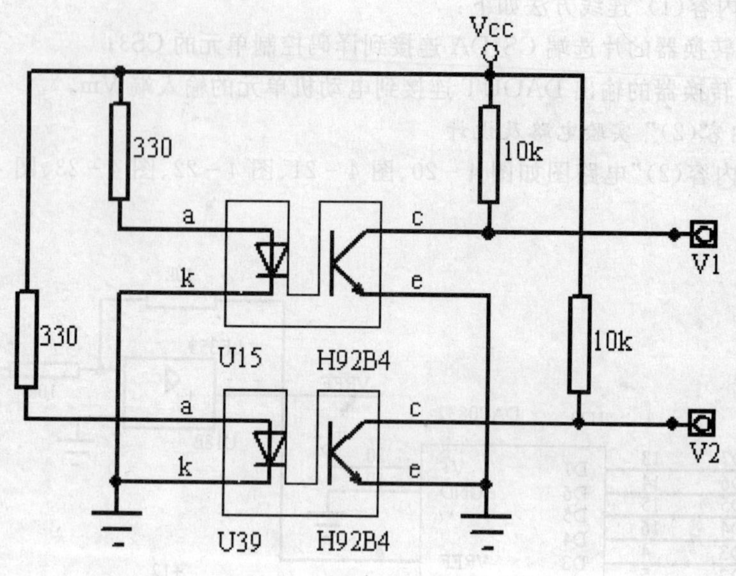

图 4－22　测速传感器

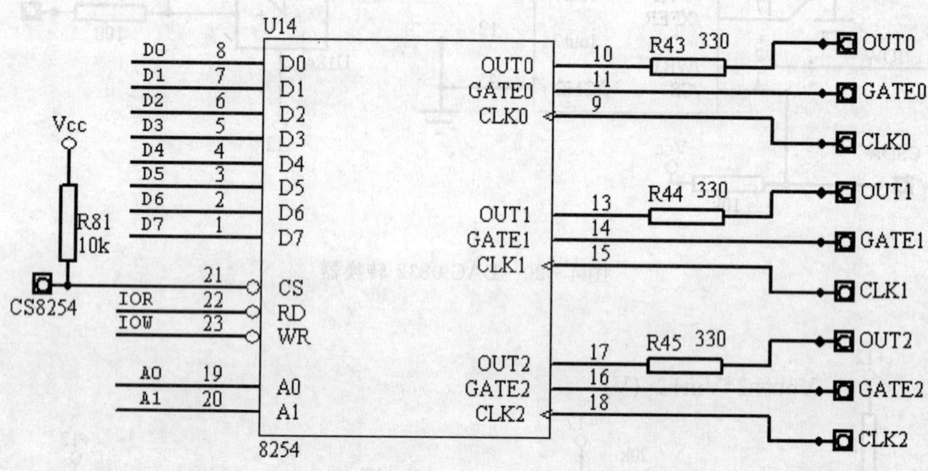

图 4－23　8254 定时/计数器

(2)“实验内容(2)”连线：假设 8254 的 T0 为电动机转数计数器，8254 的 T1 为时标产生器；8255A 的 A 口、B 口均为输出方式，8255A 的 C 口为输入方式。8255A 的 A 口连接数码管的字划端，8255A 的 B 口连接数码管的位选端，8255A 的 PC0 监测 1 min 时标。方法如下：

(ⅰ)同“实验内容(1)”连线的(ⅰ)(ⅱ)；

(ⅱ)8254 T0 的 CLK0 端连接到电动机驱动及测速单元的转速输出端 V2；

(ⅲ)8254 T0 的 GATE0 端连接到 T1 的 OUT1 端；

(ⅳ)8254 T1 的 GATE1 端连接到高电平；

(ⅴ)8254 T1 的 CLK1 端连接到时钟单元的 100 Hz 孔；

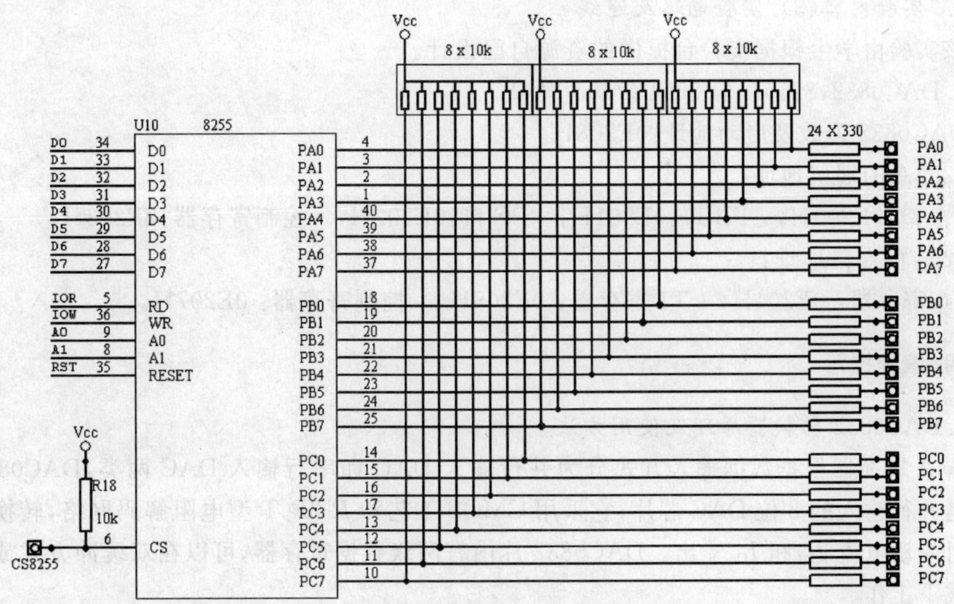

图 4－24　8255 并行接口

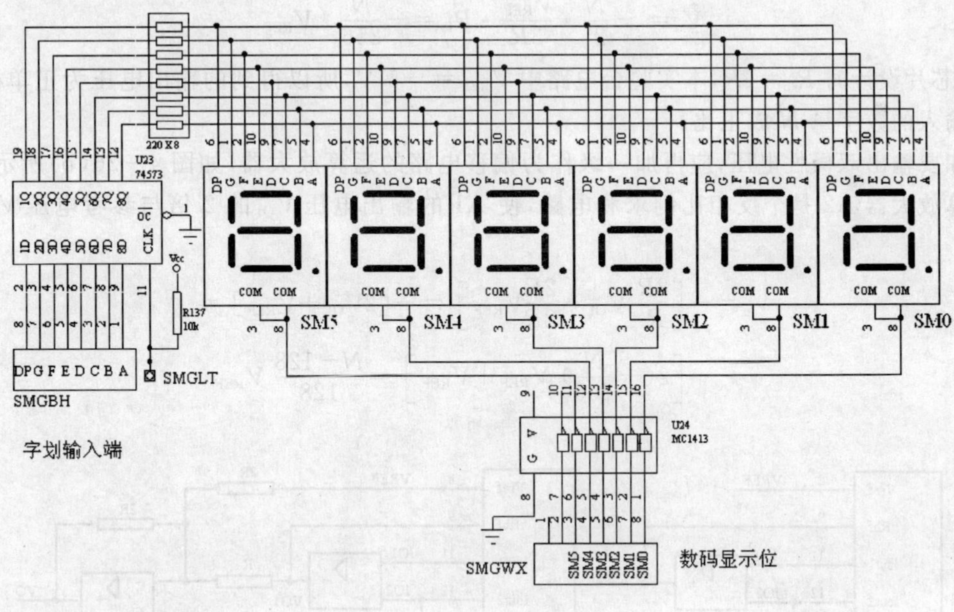

图 4－25　显示单元

(ⅵ)8254 的片选端 CS8254 连接到译码控制单元的 CS2；

(ⅶ)8255 的片选端 CS8255 连接到译码控制单元的 CS1；

(ⅷ)8255A 的 PA7～PA0 对应连接数码管字划端 DP,G,F,E,D,C,B,A；

(ⅸ)8255A 的 PB3～PB0 对应连接到数码管的位选端 SM3～SM0；

(ⅹ)8255A 的 PC0 端连接到 T1 的 OUT1 端(并联)。

3."实验内容(3)"实验电路及连线

该实验由学生根据实验台提供的资源自己设计。

4. DAC0832,8255A 和 8254 的端口地址

DAC0832 锁数及启动地址:0E208H。

8255A 的端口地址:

PA 口:0E200H， PB 口:0E201H， PC 口:0E202H， 控制寄存器:0E203H。

8254 的端口地址:

T0 寄存器: 0E204H， T1 寄存器: 0E205H， 控制寄存器: 0E207H。

四、编程提示

1. DAC0832 转换器原理及使用方法

D/A 转换器根据数据输入方式分为并行输入 DAC 和串行输入 DAC 两类,DAC0832 转换器是并行输入的 8 位 DAC 芯片,它采用 CMOS 工艺和 R-$2R$ T 型电阻解码网络,转换结果以一对差动电流 I_{O1} 和 I_{O2} 输出。DAC0832 片内有两级数据寄存器,可以在双缓冲方式或单缓冲方式下工作。

DAC0832 转换器直接得到的输出是模拟电流 I_{O1} 和 I_{O2},为得到电压输出,应加接一运算放大器,如图 4-26(a)所示。这样得到的电压 V_O 是单极性的,极性与参考电压 V_{REF} 相反:

$$V_o = -\frac{N}{2^8} \cdot \frac{V_{REF}}{3R} \cdot R_{fb} = -\frac{N}{256} \cdot V_{REF}$$

式中,芯片设计时 $R_{fb}=3R$,本实验台电路中 $V_{REF}=-5$ V,所以得到的输出电压为正单极性,且与输入的数字量 N 成正比。

如要输出双极性电压,应再加一级作为偏移电路的运算放大器,如图 4-26(b)所示。偏移运算放大器 A2 是个反相比例求和电路,使 A1 的输出电压 V_{O1} 的 2 倍与参考电压 V_{REF} 求和,即

$$V_o = -\left[\frac{2R}{R} V_{O1} + \frac{2R}{2R} V_{REF}\right] = -[2V_{O1} + V_{REF}] =$$

$$-\left[2(-\frac{N}{256}) V_{REF} + V_{REF}\right] = \frac{N-128}{128} V_{REF}$$

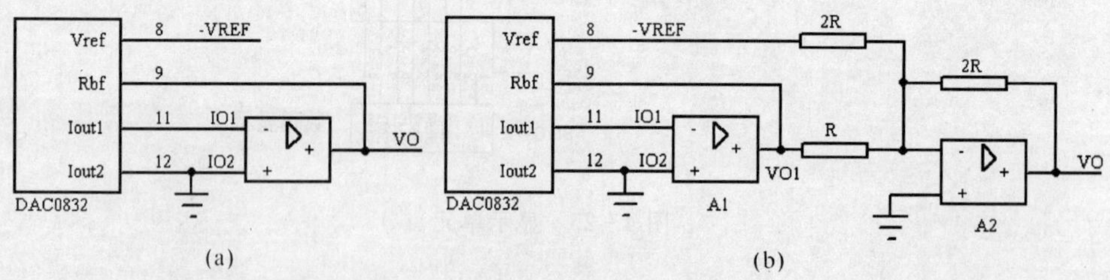

图 4-26 DAC 0832 转换器

(a)单极性输出；(b)双极性输出

DAC0832 转换器可在双缓冲方式或单缓冲方式下工作。双缓冲方式工作时,需两级写操作,因而需两个地址译码信号分别接到/CS 端和/XFER 端,至于/WR1 和/WR2,则可一起接

CPU 的/IOW 信号。双缓冲方式把数据接收和启动转换分两步进行,这样在 D/A 转换的同时,能进行下一数据的接收。因此可以提高模拟通道的转换速度,还能适应需要多个模拟通道同时刷新输出的应用场合。

单缓冲方式工作时,要使两级寄存器中的第二级处于直通状态,方法是把/WR2 和/XFER 端都接地。这种方式下,数据只要写入 DAC,就立即进行 D/A 转换,省去了一条输出指令。本实验台设计为单缓冲方式工作。

2. DAC0832 编程举例

```
        .MODEL SMALL
        CS_DA EQU 0E207H
        DELAY_FACTOR EQU 0FFFFH
        .DATA
        VOUT DB 00H,3FH,7FH,0FFH
        .CODE
        .STARTUP
        MOV BX, 4
        LEA DI,VOUT
        MOV DX, CS_DA
 NEXT:  MOV AL,[DI]
        OUT DX,AL
        MOV CX, DELAY_FACTOR
DELAY:  NOP
        LOOP DELAY
        INC DI
        DEC BX
        JNZ NEXT
        .EXIT
        END
```

五、思考题

(1)影响 D/A 转换精度的主要因素是(　　　　　)。

(2)DAC0832 转换器直接得到的输出是模拟电流 IO1 和 IO2,为得到单极性电压输出,应加接(　　　　　),其输出电压极性与(　　　　　)相反。

(3)DAC0832 转换器直接得到的输出是模拟电流 IO1 和 IO2,为得到双极性电压输出,应加(　　　　　)级运算放大器,其最后一级运算放大器作用为(　　　　　)。

(4)DAC0832 转换器在双缓冲方式工作时,需(　　　　　)次写操作,其第一次为写(　　　　　),第(　　　　　)次为启动 D/A 转换。双缓冲方式把数据接收和启动转换分(　　　　　)步进行,这样在 D/A 转换的同时,能进行下一数据的接收。因此可以提高模拟通道的(　　　　　),还能适应(　　　　　)同时刷新输出的应用场合。

(5)DAC0832 转换器在单缓冲方式下工作时,要使两级寄存器中的第二级处于(　　　　)

状态，方法是把（　　　　）端都接地。

六、实验报告

(1)实验内容及要求；

(2)分析电路工作原理，并画出电路结构示意图；

(3)画出程序框图；

(4)写出程序清单；

(5)回答思考题。

附录　常用系统功能调用

系统功能调用是 DOS 为系统程序员及用户提供的一组常用子程序。DOS 规定用中断指令 INT 21H 进入各功能子程序的总入口，再为每个功能调用规定一个功能号以便进入相应子程序的入口。各功能调用子程序的入口参数及出口参数参见 DOS 手册。DOS 共提供了约 80 个功能调用，大致分为设备管理、文件管理和目录管理等几类。本附录重点介绍 DOS 键盘功能调用和 DOS 显示功能调用。

这里简单说明 DOS 系统功能调用的使用方法，如下：

(1)在 AH 寄存器中存入所要调用功能的功能号；

(2)根据所调用功能的规定设置入口参数；

(3)用 INT 21H 指令转入子程序口；

(4)相应的子程序运行完后，可以按规定取得出口参数。

一、DOS 键盘功能调用

附表 1 列出了与键盘输入有关的 DOS 21H 功能调用，包括把单个字符读入 AL 和把一个字符串读入存储器等功能。

附表 1　DOS 键盘操作(INT 21H)

AH	功　能	调用参数	返回参数
01	键盘输入并回显		AL＝输入字符
06	直接控制台 I/O	DL＝0FFH(输入)	AL＝输入字符
07	键盘输入(无回显)		AL＝输入字符
08	键盘输入(无回显)，检测 Ctrl-Break		AL＝输入字符
0A	键盘输入到缓冲区	DS:DX ＝ 缓冲区首址	
0B	读键盘状态		AL＝0FFH(有键输入) AL＝00 (无键输入)
0C	清除键盘缓冲区，并调用指定的键盘输入功能	AL＝键盘输入功能 (1,6,7,8 或 A)	

1. 单字符输入

DOS 21H 中断的功能 1,7 和 8 都能从键盘读一字符送入 AL 寄存器。功能 1 能把字符显示出来并检查是否按下了 Ctrl＋Break 键，若按了，就自动调用中断 23H 并结束程序。21H 的功能 07H 不能回显字符或检验 Ctrl - Break。21H 的 08H 功能检验 Ctrl - Break ，但是不回显。

在交互程序中常常需要用户对一个提示做出应答，或通过输入一个字母或数字对菜单的各项进行选择，这时就要用到21H的单字符输入功能。例如，程序显示出一串信息，要求你回答Y或N，回答Y，程序将转入标号为YES的程序段；回答N，程序将转入标号为NO的程序段；按下其他键，程序就等待。这样的工作由下面的程序段落来完成：

```
GET-KEY:MOV AH,1                ;Read a key with echo
        INT 21H
        CMP AL,'Y'              ;Is it Y? JE YES ;If so,jump to YES
        CMP AL,'N'              ;Is it N?
        JE NO                   ;If so,jump to NO
        JMP GET-KEY             ;Otherwise,wait for Y or N

        RET
WAIT-HERE: MOV AH,7             ;Wait for enter
        INT 21H
        CMP AL,0DH
        JNE WAIT-HERE

        MOV AH,7                ;Wait for key
        INT 21H
        CMP AL,0                ;Is it a function key?
        JE GET-EC               ;Yes,read the scan code
        JMP ERROR
GET-EC: MOV AH,7
        INT 21H
        GMP AL,3BH              ;F1?
        JE OPTTON1
        CMP AL 3CH              ;F2?
        JE OPTTON2
        CMP AL,3DH              ;F3?
        JE OPTTON3
        JMP ERROR               ;Invalid key,display
                                ;Error message
```

2.输入字符串

在许多应用程序中，要求用户输入姓名、地址或其他字符串，21H中断的功能A能从键盘读入一字符串并把它存入用户定义的缓冲区中。缓冲区的第一个字节保存最大字符数，这个最大字符数由用户程序给出。如果键入的字符数比此数大，那就会发出“嘟嘟”声，而且光标不再向右移动。

第二个字节是实际输入字符的个数，这个数据是由功能A填入的，而不是由用户填入。在这两个字节后，字符串就按字节存储到缓冲区，最后结束字符串的回车符0DH还占用一个字节，因此整个缓冲区的字节空间应为最大字符数(包括Return在内)加2。

3. 清除键盘缓冲区

从键盘输入的字符实际上先放在一个 26 字节的键盘缓冲区内，功能 1,7,8 和 0AH 实际上是从键盘缓冲区取得字符。

INT 21H 的 0CH 功能能清除键盘缓冲区，然后执行在 AL 中指定的功能，AL 指定的功能可以是 1,6,7,8 或 0AH，使用 0CH 可以使程序在输入一个字符之前，将以前键入的字符清除掉。

功能 0CH 的用法如下：

```
MOV AH, 0CH
MOV AL, 08H
INT 21H
```

这几条指令实际提供的是键盘输入功能，它不回显，但要检测 Ctrl-Break.。如果不想用 Ctrl-Break 来结束程序，可以用功能 7 来代替功能 8。

4. 检验键盘状态

DOS 21H 的功能 0BH 能检验键盘是否有键被按动，如果有键按下，则在 AL 寄存器中放入 0FFH，如没有按下键，则在 AL 中放 00，无论哪一种情况都将继续执行下一条指令。有时这是一种不可少的功能，例如，希望程序保持运行状态，同时又检验键盘，看用户是否按下任意一键，来终止程序或退出循环。下面给出的程序的特点是，在未按键之前，程序总是不断循环执行，只要按下任何一个键，程序就会退出循环并返回。

```
SOUNDER:                    ;Sound the tone
            ⋮
        MOV AH,0BH          ;Get kbd status
        INT 21H             ;Call DOS
        INC AL              ;If AL not offh,then
        JNZ SOUNDER         ;No key pressed return
        RET                 ;Key pressed return
```

二、DOS 显示功能调用

附表 2 为 INT 21H 的显示操作，其中有两个是显示单字符的功能，另一个是显示字符串功能，这些功能都自动向前移动光标。

附表 2　INT 21H 显示操作

AH	功　能	调用参数	返回参数
02	显示一个字符	DL＝输出字符	
06	直接控制台 I/O	DL＝输出字符	
09	显示字符串	DS:DX＝串地址，串以 $ 结束符	

DOS 21H 中断的 9 号功能是显示字符串，它要求显示输出的字符必须以 $ 字符(24H)作为定界符，它是用 $ 作为标记来计算串的长度的。有些 ASCII 码，如控制码，不能出现在这里的字符串中。显示字符串时，如果希望光标能自动换行，那么可在字符串结束之前加上回车和

换行的 ASCII 码。

MESSAGE DB'The sort operation is finished.'13,10'$'

要显示输出的信息一般定义在数据段。输出该字符串的指令为

```
MOV   AH,9
MOV   DX,SEG MESSAGE
MOV   DS,DX
MOV   DX,0FFEST MESSAGE
INT   21H
```

使用赋值伪操作可以使程序的可读性更好,另外也可以根据显示格式的要求使用 TAB 符,TAB 的 ASCII 码为 09。

```
CR EQU 13 (或 CR EQU 0DH)
LF EQU 10 (或 LF EQU 0AH)
TAB EQU 09
MESSAGE DB TAB,'The sort operation is finished.'
DB CR,LF,'$'
```

使用 INT 21H 显示字符串,一定要在显示串最后加上定界符 $,丢失定界符可能会在屏幕上引起意想不到的后果。